畜禽屠宰检验检疫图解系列丛书

羊屠宰检验检疫图解手册

中国动物疫病预防控制中心
（农业农村部屠宰技术中心） 编著

中国农业出版社
北　京

图书在版编目（CIP）数据

羊屠宰检验检疫图解手册 / 中国动物疫病预防控制中心（农业农村部屠宰技术中心）编著.—北京：中国农业出版社，2018.11
（畜禽屠宰检验检疫图解系列丛书）
ISBN 978-7-109-24935-6

Ⅰ．①羊… Ⅱ．①中… Ⅲ．①羊－屠宰加工－卫生检疫－图解 Ⅳ．①S851.34-64

中国版本图书馆CIP数据核字（2018）第261592号

中国农业出版社出版
（北京市朝阳区麦子店街18号楼）
（邮政编码　100125）
责任编辑　刘　玮　弓建芳　黄向阳

北京中科印刷有限公司印刷　新华书店北京发行所发行
2018年11月第1版　2018年11月北京第1次印刷

开本：787mm×1092mm　1/16　印张：10.75
字数：260千字
定价：80.00元
（凡本版图书出现印刷、装订错误，请向出版社发行部调换）

丛书编委会

本书编委会

主　编　高胜普　杜雅楠

副主编　尤　华　张朝明　胡兰英　许大伟

编　者　(按姓氏音序排列)

包福祥　包静月　陈怀涛　陈耀星　崔海霞　崔治中

杜　鹏　杜雅楠　恩　和　高胜普　韩彩霞　胡兰英

贾　宁　刘瑞军　吕　茂　孙晓磊　王金玲　王俊平

王志亮　吴　晗　吴晓东　熊本海　许大伟　尤　华

张朝明　张新玲　赵联成

审　稿　曹克昌　许大伟　张德权　薛惠文　胡兰英

丛书序

肉品的质量安全关系到人民的身体健康，关系到社会稳定和经济发展。畜禽屠宰检验检疫是保障畜禽产品质量安全和防止疫病传播的重要手段。开展有效的屠宰检验检疫，需要从业人员具备良好的疫病诊断、兽医食品卫生、肉品检测等方面的基础知识和实践能力。然而，长期以来，我国畜禽屠宰加工、屠宰检验检疫等专业人才培养滞后于实际生产的发展需要，屠宰厂检验检疫人员的文化程度和专业水平参差不齐。同时，当前屠宰检疫和肉品品质检验的实施主体不统一，卫生检验也未有效开展。这就造成检验检疫责任主体缺位，检验检疫规程和标准执行较差，肉品质量安全风险隐患容易发生等问题。

为进一步规范畜禽屠宰检验检疫行为，提高肉品的质量安全水平，推动屠宰行业健康发展，中国动物疫病预防控制中心（农业农村部屠宰技术中心）组织有关单位和专家，编写了畜禽屠宰检验检疫图解系列丛书。本套丛书按照现行屠宰相关法律法规、屠宰检验检疫标准和规范性文件，采用图文并茂的方式，融合了屠宰检疫、肉品品质检验和实验室检验技术，系统介绍了检验检疫有关的基础知识、宰前检验检疫、宰后检验检疫、实验室检验、检验检疫结果处理等内容。本套丛书可供屠宰一线检验检疫人员、屠宰行业管理人员参考学习，也可作为兽医公共卫生有关科研教育人员参考使用。

本套丛书包括生猪、牛、羊、兔、鸡、鸭和鹅7个分册，是目前国内首套以图谱形式系统、直观描述畜禽屠宰检验检疫的图书，可操作性和实用性强。然而，本套丛书相关内容不能代替现行标准、规范性文件和国家有关规定。同时，由于编写时间仓促，书中难免有不妥和疏漏之处，恳请广大读者批评指正。

编著者
2018年10月

目 录

第一章

羊屠宰检验检疫基础知识图解

第一节　羊屠宰检验检疫有关专业术语图解

一、专业术语

1.屠宰　宰杀畜禽以生产畜禽肉及副产品的过程（图1-1-1）。

2.羊屠体　羊宰杀、放血后的躯体（图1-1-2）。

图1-1-1　羊屠宰　　　　　　　　图1-1-2　羊屠体

　　3.羊胴体　羊经宰杀放血后去皮或者不去皮（去除毛），去头、蹄、内脏等的屠体（图1-1-3）。

　　4.羊内脏　指羊胸腹腔内的器官，包括心、肝、肺、脾、胃、肠、肾、胰脏、膀胱等脏器（图1-1-4）。

 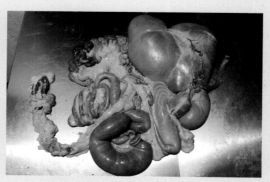

图1-1-3　羊胴体　　　　　　　　图1-1-4　羊内脏

（1）羊白内脏　羊的胃、肠、脾等（图1-1-5）。

（2）羊红内脏　羊的心、肝、肺等（图1-1-6）。

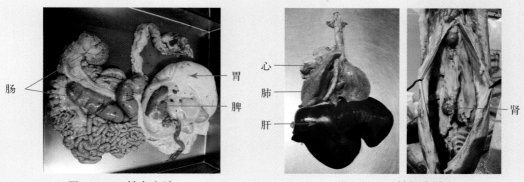

图1-1-5　羊白内脏　　　　　　　图1-1-6　羊红内脏

5.可食用副产品　可食用的内脏器官、尾脂、网油、板油、血液、骨、皮、蹄、头、尾等产品（图1-1-7至图1-1-14）。

图1-1-7　羊尾脂

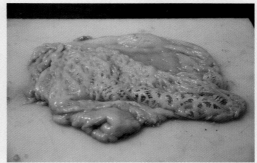

图1-1-8　羊网油

图1-1-9　屠宰后羊头

图1-1-10　褪毛羊头

图1-1-11　屠宰后羊蹄

图1-1-12　剥皮后羊蹄

图1-1-13　羊睾丸（羊宝）

图1-1-14　羊阴茎（羊鞭）

6.非食用副产品　不可食用的皮、毛、角、蹄壳等产品（图1-1-15）。

图1-1-15　屠宰后羊皮毛

7.宰前检验检疫　依照检验检疫规程和有关规定，在羊屠宰前对羊群体（图1-1-16）和个体（图1-1-17）进行健康检查，综合判定羊是否健康和适合人类食用的过程。

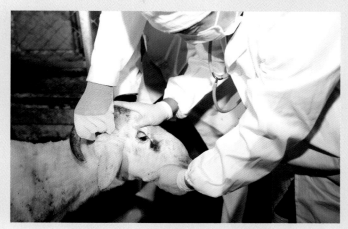

图1-1-16　宰前检验检疫（群体检查）

图1-1-17　宰前检验检疫（个体检查）

8.同步检验检疫装置　羊屠宰取内脏后，将头、蹄、内脏放在设置的传送盘或挂钩上与屠宰线同步运行，以供对照检验检疫和综合判断的一种装置（图1-1-18）。

9.同步检验检疫　与屠宰操作相对应，将羊的头、蹄、内脏与胴体生产线同步运行，由相关人员对照检验检疫和综合判断的一种检查方法（图1-1-19）。

与屠宰线同步运行的挂钩（放置头、蹄）

屠宰线（挂胴体）

与屠宰线同步运行的传送盘（放置内脏）

图1-1-18　同步检验检疫装置

图1-1-19　同步检验检疫

10.无害化处理　用物理、化学等方法处理病死及病害羊和相关产品，消灭其所携带的病原体，消除危害的过程，无害化处理设备见图1-1-20。

图1-1-20　羊屠宰厂（场）无害化处理设备（焚烧炉）

11.分割肉　根据有关标准与要求，对羊胴体进行分割获得符合产品规格要求的部位肉（图1-1-21）。

图1-1-21　羊分割肉产品

二、解剖学基础

1.羊躯体及各部位名称　羊的躯体分为头部、躯干部和四肢三大部分。头部各部位名称见图1-1-22，躯干部和四肢各部位名称见图1-1-23。

2.羊被皮系统及各部位名称　羊的被皮系统包括皮肤和毛、蹄（图1-1-24）、角、皮肤腺等皮肤衍生物。

3.羊骨骼及各部位名称　骨骼由骨和骨连结组成，构成机体坚硬的支架。羊全身骨骼按其部位不同，可分为头骨、躯干骨、四肢骨和尾骨。躯干骨包括颈椎、胸椎、腰椎、荐椎、肋骨、肋软骨和胸骨（图1-1-25）。

4.羊肌肉及各部位名称　肌肉由于位置和机能不同，形态也不同；肌肉一般是根据其作用、结构、形状、位置、肌纤维方向以及起止点等特征命名。羊的全身肌肉按其所在的部位可分为头肌、颈肌、躯干肌、前肢肌、后肢肌等，详见图1-1-26。

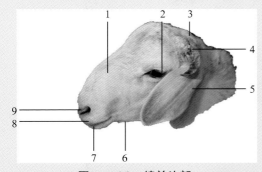

图1-1-22　绵羊头部
1.面部　2.眼睛　3.颅部　4.角　5.耳
6.下颌　7.下唇　8.上唇　9.鼻

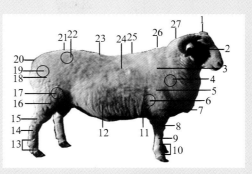

图1-1-23　绵羊躯体
1.颅部　2.面部　3.肩胛部　4.肩关节　5.臂部
6.肘部　7.前臂部　8.腕部　9.掌部　10.指部
11.胸骨部　12.腹部　13.趾部　14.跖部
15.跗部　16.小腿部　17.膝部　18.股部
19.髋关节　20.尾部　21.荐臀部　22.髋结节
23.腰部　24.肋部　25.背部　26.鬐甲部　27.颈部
（熊本海、恩和等，绵羊实体解剖学图谱）

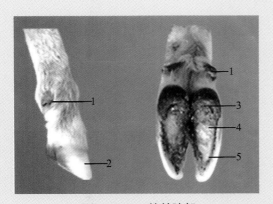

图1-1-24　绵羊蹄部
1.悬蹄　2.蹄壁　3.蹄球　4.蹄底　5.蹄白线
（熊本海、恩和等，绵羊实体解剖学图谱）

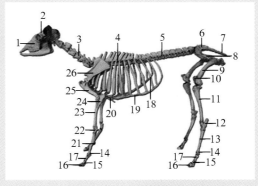

图1-1-25　绵羊全身骨骼
1.面骨　2.颅骨　3.颈椎　4.胸椎　5.腰椎
6.荐骨　7.尾椎　8.髋骨　9.股骨　10.膝盖骨
11.小腿骨　12.跗骨　13.跖骨　14.近籽骨
15.冠状骨　16.蹄骨　17.系骨　18.肋骨
19.肋软骨　20.胸骨　21.掌骨　22.腕骨
23.前臂骨　24.尺骨　25.臂骨　26.肩胛骨
（熊本海、恩和等，绵羊实体解剖学图谱）

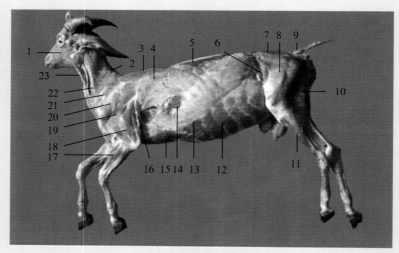

图1-1-26　山羊全身肌肉

1.咬肌　2.颈斜方肌　3.胸斜方肌　4.背阔肌　5.背腰最长肌　6.阔筋膜张肌　7.臀浅肌
8.股四头肌　9.尾肌　10.臀股二头肌　11.趾长伸肌　12.腹直肌　13.腹外斜肌　14.胸腹侧锯肌
15.胸肌　16.前臂筋膜张肌　17.腕桡侧伸肌　18.肱三头肌　19.三角肌　20.冈下肌
21.冈上肌　22.臂头肌　23.胸头肌

（周变华、王宏伟、张旻，山羊解剖组织彩色图谱）

　　5.羊消化系统及各部位名称　羊的消化系统由消化管和消化腺两部分组成。消化管包括口腔、咽、食道、胃、小肠、大肠和肛门，是食物通过的通道。消化腺包括唾液腺、胃腺、肠腺、肝脏和胰腺，是分泌消化液的腺体（图1-1-27、图1-1-28）。

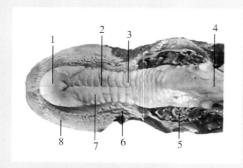

图1-1-27　绵羊口腔

1.齿板　2.腭缝　3.腭褶　4.软腭　5.臼齿（前3齿、后3齿）　6.锥状乳头　7.硬腭　8.上唇

（熊本海、恩和等，绵羊实体解剖学图谱）

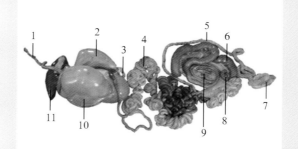

图1-1-28　绵羊消化器官

1.食管　2.皱胃　3.十二指肠　4.空肠　5.结肠　6.盲肠　7.直肠　8.回肠　9.结肠旋袢　10.瘤胃　11.肝脏

（熊本海、恩和等，绵羊实体解剖学图谱）

　　6.羊呼吸系统及各部位名称　羊的呼吸系统由鼻、喉、咽、气管、支气管和肺等器官构成。鼻、喉、咽、气管、支气管构成呼吸道，呼吸道由骨或软骨作为支架，形成开放性的管腔。肺是气体交换的器官，主要由肺泡组成（图1-1-29）。

7.羊心血管系统及各部位名称　羊的心血管系统由心脏、血管、和血液组成，其中血管包括动脉、静脉和毛细血管。羊的心脏位于纵隔内，夹于左右肺之间；约在胸腔下2/3，第三至第六对肋骨之间，位置略偏左侧（图1-1-30至图1-1-32）。

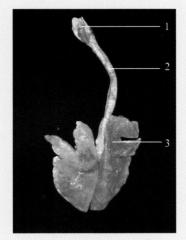

图1-1-29　羊呼吸系统
1.喉　2.气管　3.肺
（陈耀星，动物解剖学彩色图谱）

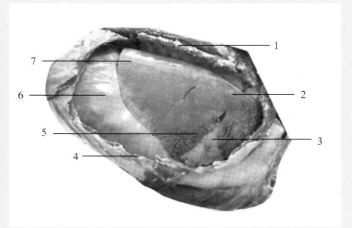

图1-1-30　绵羊心脏在胸腔内的位置
1.肋骨　2.右肺　3.心脏和心包　4.肋软骨
5.右肺心叶　6.膈　7.右肺膈叶
（熊本海、恩和等，绵羊实体解剖学图谱）

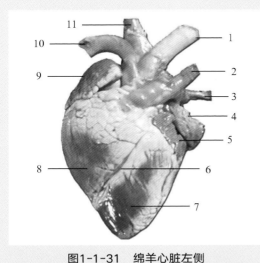

图1-1-31　绵羊心脏左侧
1.主动脉弓　2.肺动脉　3.后腔静脉　4.肺静脉口
5.左心房　6.左纵沟　7.左心室　8.右心室
9.右心房　10.头臂动脉总干　11.前腔静脉
（熊本海、恩和等，绵羊实体解剖学图谱）

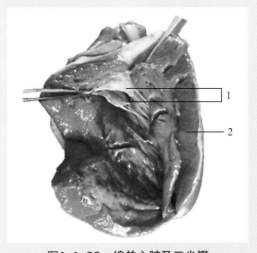

图1-1-32　绵羊心脏及二尖瓣
1.二尖瓣　2.左心室肌
（熊本海、恩和等，绵羊实体解剖学图谱）

8.羊泌尿系统及各部位名称　羊的泌尿系统由肾脏、输尿管、膀胱和尿道组成。肾脏的主要作用是生成尿液，而输尿管、膀胱和尿道则分别是输尿、贮尿和排尿器官。羊肾属于平滑单乳头肾，两侧的肾均呈豆形；右肾位于最后肋骨至第二腰椎下。左肾在瘤胃背囊后方，第四至第五腰椎下（图1-1-33、图1-1-34）。

图1-1-33　公羊泌尿生殖器官
1.肾脏　2.输尿管　3.输精管　4.睾丸
5.尿生殖道阴茎部　6.膀胱　7.尿生殖道骨盆部
（陈耀星，动物解剖学彩色图谱）

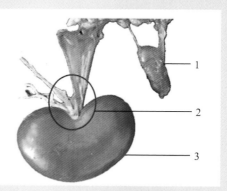

图1-1-34　绵羊肾脏及肾上腺
1.肾上腺　2.肾门(血管、神经、输尿管)
3.肾脏
（熊本海、恩和等，绵羊实体解剖学图谱）

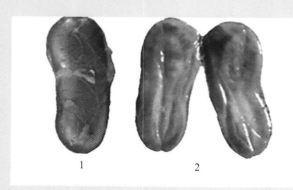

图1-1-35　绵羊肾上腺及纵切面
1.肾上腺　2.肾上腺纵向切面
（熊本海、恩和等，绵羊实体解剖学图谱）

9.羊内分泌系统及各部位名称　羊的内分泌系统由内分泌腺（包括脑垂体、甲状腺、甲状旁腺、肾上腺和松果体）、内分泌组织（胰岛、黄体、睾丸间质细胞、肾小球旁器）和内分泌细胞组成（图1-1-35）。

10.羊淋巴系统及各部位名称　羊的淋巴系统由淋巴管、淋巴组织、淋巴器官和淋巴组成。其中淋巴器官分为中枢淋巴器官（包括骨髓和胸腺）和外周淋巴器官（包括淋巴结、脾、扁桃体等）。淋巴结的命名主要根据其所在部位或引流区域而定。

不同的羊淋巴结的正常形态、大小、色泽略有差异，一般幼龄羊的较大，老龄羊的较小；瘦弱羊的较大，肥壮羊的较小。形状有圆形、椭圆形、扁圆形、长圆形及不规则形，有的单个存在，有的集簇成群。羊正常淋巴结的色泽一般为青灰色，但同一羊体不同部位的淋巴结其色泽也有差异，如肝门淋巴结常呈红褐色（图1-1-36、图1-1-37）。

在羊的屠宰检验检疫中有重要意义的淋巴结有：肩前淋巴结、髂下淋巴结、支气管淋巴结、肝门淋巴结、肠系膜淋巴结、腹股沟深淋巴结。

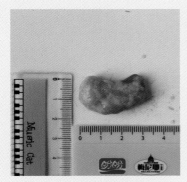

图1-1-36 绵羊肩前淋巴结

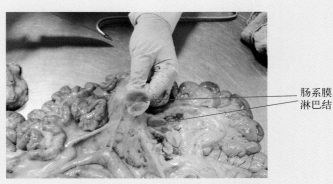

肠系膜淋巴结

图1-1-37 绵羊肠系膜淋巴结剖面

三、病理学基础

1.局部血液循环障碍

（1）充血 由于小动脉扩张或静脉血液回流受阻而致机体局部组织或器官中的血量增多，称为充血（图1-1-38、图1-1-39）。

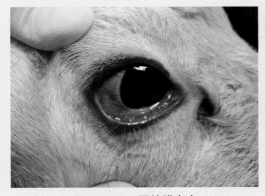

图1-1-38 眼结膜充血

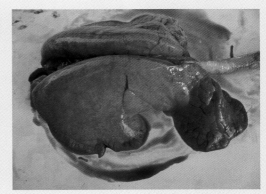

图1-1-39 羊肺充血

（2）出血 血液流出心血管之外，称为出血。血液流至组织间隙或体腔内，称为内出血；血液流出体外，称为外出血（图1-1-40、图1-1-41）。

图1-1-40 羊心肌出血

图1-1-41 羊脾脏出血

（3）淤血　由于静脉血液回流受阻，机体内的器官或组织内血液淤积，称为淤血（图1-1-42、图1-1-43）。

图1-1-42 羊肺淤血

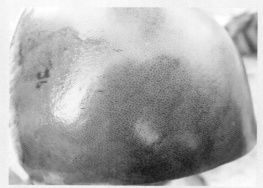

图1-1-43 慢性肝淤血（"槟榔肝"）

图1-1-44 羊肾大面积梗死灶

（4）梗死　由于动脉血液断绝，引起局部组织或器官缺血而发生的坏死，称为梗死。根据梗死灶内含血量的不同，梗死分为贫血性梗死（梗死灶含血量少，颜色灰白）和出血性梗死（梗死灶含血量多，颜色暗红）两种（图1-1-44）。

（5）水肿　组织间液在组织间隙内异常增多，称为水肿；组织间液在胸腔、心包腔、腹腔、脑室等浆膜腔内蓄积过多，称为积水；水肿发生于皮下时称为浮肿（图1-1-45至图1-1-47）。

2.炎症　炎症是动物机体对致炎因子的局部损伤所产生的具有防御意义的应答性反应。包括变质性炎、卡他性炎、纤维素性炎、化脓性炎、出血性炎等（图1-1-48至图1-1-50）。

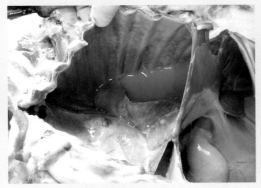

图1-1-45　胸腔积水
胸腔积聚大量清亮的淡黄色液体

图1-1-46　腹腔积水
腹腔积聚大量清亮的淡黄色液体

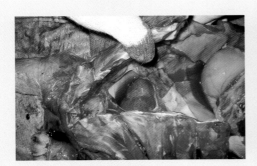

图1-1-47　羊心包积水

图1-1-48　出血性肠炎（十二指肠）

图1-1-49　化脓性淋巴结炎（下颌淋巴结）

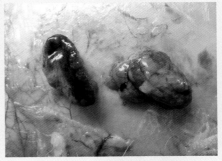

图1-1-50　出血性淋巴结炎
淋巴结肿大，切面呈黑红色

3.组织与细胞的损伤

（1）坏死 活体内局部组织或细胞的死亡，称为坏死。坏死的组织、细胞的物质代谢停止，功能丧失，并出现一系列形态学改变（图1-1-51、图1-1-52）。

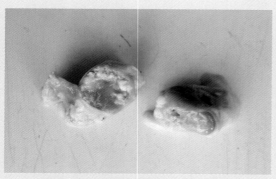

图1-1-51 肠系膜淋巴结干酪样坏死

图1-1-52 肺大面积坏死化脓（伴有纤维素性肺炎）

（2）病理性物质沉着 包括病理性钙化、病理性色素沉着等。

在软组织中出现固体性钙盐的沉积，称为病理性钙化（图1-1-53、图1-1-54）。

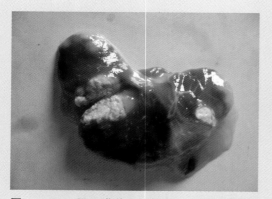

图1-1-53 肠系膜淋巴结灰白色干酪样坏死灶和钙化灶

图1-1-54 盲肠浆膜下寄生虫性包囊钙化灶

4.适应与修复

（1）萎缩 发育正常的组织、器官，由于实质细胞体积减小或数量减少而使其体积缩小、功能减退的过程，称为萎缩。萎缩可分为生理性萎缩和病理性萎缩两大类。病理性萎缩是指在致病因素作用下引起的萎缩，根据病因和病变波及的范围分为全身性萎缩和局部性萎缩（图1-1-55、图1-1-56）。

图1-1-55 肝体积缩小
肝颜色变深，边缘薄锐

图1-1-56 肾萎缩
肾脏皮质萎缩，变薄，呈土黄色，肾盂扩张，充满淡黄色黏糊状物
（陈怀涛，兽医病理学原色图谱）

（2）增生 器官或组织实质细胞数量增多，称为增生。增生可使组织、器官的体积增大（图1-1-57）。

5.肿瘤 肿瘤是在体内外致瘤因素的作用下，机体的细胞异常分裂、增殖而形成的新生物，这种新生物常形成局部肿块，称为肿瘤。肿瘤分为良性肿瘤和恶性肿瘤两大类。

畜禽常见的良性肿瘤有：乳头状瘤、腺瘤、纤维瘤、脂肪瘤、黏液瘤、血管瘤、平滑肌瘤等。常见的恶性肿瘤有：鳞状细胞癌、原发性肝癌、纤维肉瘤、淋巴肉瘤、成肾细胞瘤等（图1-1-58至图1-1-60）。

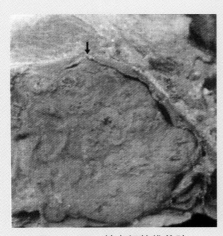

图1-1-57 羊上颌放线菌肿
上颌骨下面有大块放线菌肿（↓），上颌窦已被充满，其切面可见放线菌肉芽组织增生，肉芽组织中有许多小化脓灶
（崔治中、金宁一，动物疫病诊断与防控彩色图谱）

图1-1-58 绵羊肺腺瘤病
肺表面散在大小不等的灰白色肺腺瘤结节
（陈怀涛、贾宁，羊病诊疗原色图谱）

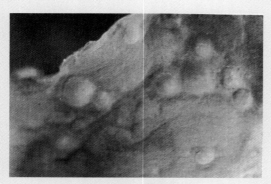

图1-1-59 淋巴肉瘤

羊肝脏表面有一些大小不等的圆形微隆起的肿瘤结节，
色灰白，界限明显

（陈怀涛、贾宁，羊病诊疗原色图谱）

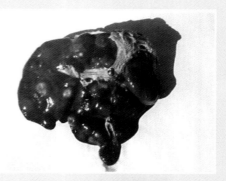

图1-1-60 羊肝血管肉瘤

肝脏表面见大小不等的肿瘤结节，呈灰白色或黑
红色，较大结节的中心常凹陷

（陈怀涛、贾宁，羊病诊疗原色图谱）

第二节　羊屠宰检疫有关疫病的临床症状及主要病理变化图解

一、羊屠宰检疫有关的疫病及分类

羊患疫病有多种，根据《羊屠宰检疫规程》（农业部2010年5月颁布）规定，羊屠宰检疫应检的疫病（屠宰检疫对象）为：口蹄疫、痒病、小反刍兽疫、绵羊痘和山羊痘、炭疽、布鲁氏菌病、肝片吸虫病、棘球蚴病八种疫病。其中，口蹄疫、痒病、小反刍兽疫、绵羊痘和山羊痘属于我国规定的一类动物疫病；布鲁氏菌病、炭疽、棘球蚴病属于二类动物疫病；肝片吸虫病属于三类动物疫病。

炭疽、布鲁氏菌病、棘球蚴病、肝片吸虫病是人兽共患传染病，在兽医公共卫生学上有重要意义。

二、羊屠宰检疫有关疫病的临床症状及主要病理变化

（一）口蹄疫

口蹄疫（Foot and mouth disease，FMD）是由口蹄疫病毒引起的偶蹄动物的一种急性、热性、高度接触性传染病。特征是口腔黏膜、蹄部、乳房等部位皮肤形成水疱和烂斑。

绵羊和山羊对口蹄疫病毒易感。本病通过直接和间接接触传播，主要感染途径是消化道和呼吸道，也可通过眼结膜、鼻黏膜及伤口感染，经空气传播可引起大面积流行。

1.临床症状　潜伏期1～7d。病羊体温升高达40～41℃，精神沉郁，食欲减退或拒食，脉搏和呼吸加快。口腔、蹄和乳房部位皮肤出现水疱、溃疡和烂斑。绵羊蹄部症状明显，口腔黏膜变化较轻。山羊症状多见于口腔，水疱以硬腭和舌面多发，蹄部病变较轻（图1-2-1至图1-2-4）。

图1-2-1　病羊舌黏膜发生水疱和溃烂
（崔治中、金宁一，动物疫病诊断与防控彩色图谱）

图1-2-2　病羊蹄部病变（蹄冠部皮肤溃烂、坏死）
（崔治中、金宁一，动物疫病诊断与防控彩色图谱）

图1-2-3　病羊鼻孔流白色泡沫状鼻液，口腔
黏膜发生水疱和溃烂
（崔治中、金宁一，动物疫病诊断与防控彩色图谱）

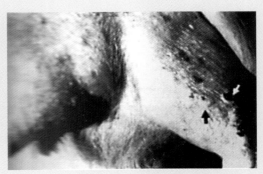

图1-2-4　乳山羊乳房部水疱
（崔治中、金宁一，动物疫病诊断与防控彩色图谱）

2.主要病理变化　口腔、蹄部、乳房有水疱和烂斑。严重时，咽喉、气管、前胃等黏膜可见烂斑和溃疡，上被覆黑棕色痂块。心肌色泽较淡，质地松软，心内外膜有出血点，恶性口蹄疫往往可见左心室壁和室中隔发生明显的脂肪变性和坏死，断面可见不整齐的斑点和灰白色或红黄色的条纹，形似虎皮斑纹，称为"虎斑心"（图1-2-5、图1-2-6）。

图1-2-5　羊恶性口蹄疫虎斑心（心脏表面可见小的灰白色斑点状或条纹状坏死灶）

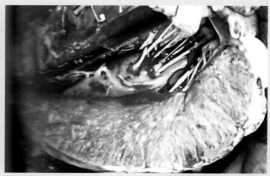

图1-2-6　羊恶性口蹄疫（心肌纤维变性、坏死，心肌切面可见红黄相间条纹状虎皮斑纹，即虎斑心）

（崔治中、金宁一，动物疫病诊断与防控彩色图谱）

3.生物安全处理　屠宰检疫发现口蹄疫时，限制移动，并按《中华人民共和国动物防疫法》《重大动物疫情应急条例》《羊屠宰检疫规程》《病死及病害动物无害化处理技术规范》和《畜禽屠宰卫生检疫规范》（NY467—2001）等有关规定处理。

(1)宰前检验确认为口蹄疫，病羊立即扑杀，尸体销毁；同群羊用密闭运输工具运到指定地点，用不放血方法全部扑杀，尸体销毁。

(2)宰后检验确认为口蹄疫，病羊的屠体、胴体和内脏及其他副产品必须销毁处理；同批产品或副产品销毁处理。

（二）痒病

痒病(Scrapie)又称为震颤病、摇摆病、瘙痒病，是由痒病因子侵害中枢神经系统引起的成年绵羊和山羊的渐进性神经性致死性疫病。特征为瘙痒，共济失调，中枢神经系统变性，死亡率高。

本病主要侵害2～5岁绵羊，偶见于山羊。无明显的季节性，发病率较高，病死率高达100%。人可因食用感染痒病因子的羊脑、脊髓等而感染本病。

1.临床症状　本病的潜伏期较长，一般为2～5年或更长。本病发病初期，羊精神沉郁和神经敏感，当受到刺激时易兴奋，头、颈部的随意肌颤动，在兴奋时肌肉颤动更加剧烈，在休息时肌肉颤动稍微缓和。病中期在颈、臀等部位呈现被毛断裂和脱落（图1-2-7），尾巴和臀部皮肤剧烈发抖，低声鸣叫。病羊搔痒，向墙壁或其他物品摩擦背部、体侧、臀部等，或用嘴啃咬其发痒部位（图1-2-8）。病后期由于视力丧失，病羊易与固定物相撞，共济失调、步态蹒跚，并常跌倒。机体衰弱，常卧地不起，躯体麻痹。在患病期间，食欲减少，体重下降，妊娠母羊可发生流产。

图1-2-7　病羊浑身发痒，颈部被毛脱落
（崔治中、金宁一，动物疫病诊断与防控彩色图谱）

图1-2-8　病后期病羊卧地不起，啃咬发痒的前肢皮肤
（崔治中、金宁一，动物疫病诊断与防控彩色图谱）

2.主要病理变化　病羊除尸体消瘦和皮肤损伤外，一般无明显肉眼可见病变。

（三）小反刍兽疫

小反刍兽疫（Peste des petits ruminants, PPR）又称小反刍兽假性牛瘟、肺肠炎、口炎肺肠炎综合征，俗称羊瘟，是由小反刍兽疫病毒引起山羊、绵羊、野生小反刍兽的急性、热性、接触性传染病。临床上以高热、坏死性口炎、胃肠炎、腹泻和肺炎为特征。

1.临床症状　绵羊临床症状较轻微，山羊症状一般较典型。表现为突然发病，体温升高至40℃以上，稽留3～5d。精神沉郁，烦躁不安。大量黏脓性鼻液阻塞鼻孔，引起呼吸困难。眼流分泌物，遮住眼睑，出现眼结膜炎（图1-2-9、图1-2-10）。口腔黏膜充血，随后出现溃疡，大量流涎，严重者病灶波及齿垫、上腭、颊部、舌头、乳头等部位（图1-2-11、图1-2-12）。呼出气体恶臭。病后期咳嗽，腹式呼吸。多数病羊发生严重腹泻，造成迅速脱水和体重下降，消瘦，衰竭（图1-2-13、图1-2-14）。

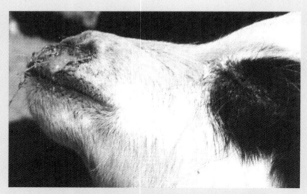

图1-2-9 发病羊鼻和眼分泌脓性物质，鼻孔阻塞，眼睑粘连难以睁开

（王志亮、吴晓东、包静月，小反刍兽疫）

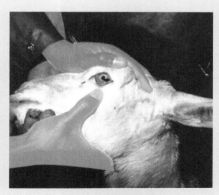

图1-2-10 眼黏膜充血，发炎

（王志亮、吴晓东、包静月，小反刍兽疫）

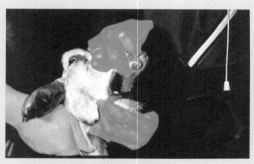

图1-2-11 病羊口腔硬腭处溃疡

（王志亮、吴晓东、包静月，小反刍兽疫）

图1-2-12 病羊舌背面覆黄白色假膜

（王志亮、吴晓东、包静月，小反刍兽疫）

图1-2-13 严重腹泻，从尾根部至后肢蹄部附着大量稀便

图1-2-14 发病羊腹泻严重

（王志亮、吴晓东、包静月，小反刍兽疫）

2.主要病理变化 病畜表现结膜炎、坏死性口炎，鼻甲、喉、气管等部位有出血斑，伴有糜烂、溃疡，其表面覆有纤维素性假膜，重者可波及硬腭及咽喉部（图1-2-15）。肺脏淤血、出血；多数病例见肺泡间质增生，出现间质性肺炎，并有浆液性纤维素渗出（图1-2-16）。皱胃见糜烂，创面出血。肠道出血或糜烂，盲肠和结肠接合处有特征性出血或斑马样条纹（图1-2-17、图1-2-18）。脾脏有坏死灶。淋巴结肿大（图1-2-19）。

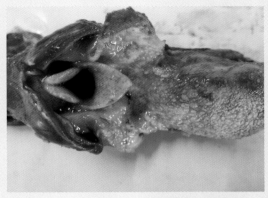

图1-2-15 整个舌根部和咽喉部黏膜糜烂

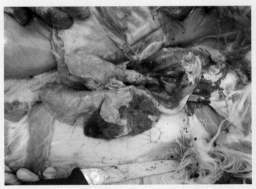

图1-2-16 间质性肺炎（右肺整个尖叶和副叶实变，呈暗红色肌肉样）

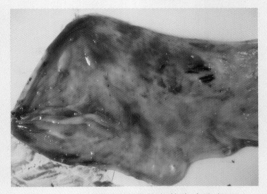

图1-2-17 盲肠黏膜斑点状出血和坏死

图1-2-18 直肠黏膜褶皱出血，呈斑马样条纹状

图1-2-19 出血性淋巴结炎
淋巴结肿大，切面可见出血斑点

（四）绵羊痘和山羊痘

绵羊痘(Variola ovina/Sheep pox)是各种家畜痘病中危害最为严重的一种热性接触性传染病。由山羊痘病毒属的绵羊痘病毒引起。临床特征是皮肤和黏膜上发生特异的痘疹，可见到典型的斑疹、丘疹、水疱、脓疱和结痂等病变。

山羊痘(Variola caprina/Coat pox)是由山羊痘病毒属的山羊痘病毒引起的。山羊痘的症状和病理变化与绵羊痘相似。

1.临床症状　体温升至41～42℃以上，精神萎靡，食欲不振，呼吸加快，结膜潮红。眼睑肿胀，眼、鼻有浆液性或黏液性分泌物（图1-2-20）。2～5d后，皮肤上可见明显的局灶性充血斑点，之后在腹股沟、腋下和会阴等部位，乃至全身，相继出现红斑、丘疹、结节、水疱、脓疱等典型痘疹变化（图1-2-21至图1-2-23）。

图1-2-20　眼周围和鼻唇部皮肤肿胀，流泪，鼻流分泌物

图1-2-21　在尾部皮肤、肛门周围皮肤上形成的丘疹和结痂

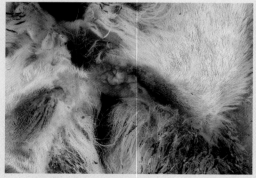

图1-2-22　病羊乳房和后肢内侧皮肤上出现大小不等的痘疹（主要表现红斑、丘疹和轻度结痂）

图1-2-23　胸部皮肤形成大量大小不等的丘疹，多数丘疹顶部形成脓肿

如无继发感染，脓疱破溃后逐渐干燥，形成痂块，痂块脱落，皮肤上留下痘痕，斑痕随着时间延长逐渐变淡。有些山羊可见大面积出血性痘疹和丘疹。重症病羊常继发肺炎和肠炎，食欲废绝，呼吸困难，卧地不起，导致败血症或脓毒败血症而死亡。非典型羊痘，仅表现轻微症状，不出现或仅有少量痘疹，呈良性经过。

2.主要病理变化　主要是在皮肤和黏膜上形成痘疹。除了局部皮肤有痘疹病变外，呼吸道黏膜可见出血性炎症、口腔、胃、肾等部位出现大小不等、扁平的灰白色痘疹，严重的可形成溃疡和出血性炎症。有时咽喉、气管、支气管黏膜也见类似病变。肺脏有干酪样结节和卡他性肺炎；有时可见肺脏表面有大小不等的灰白色痘疹，表面平滑（图1-2-24、图1-2-25）。淋巴结肿大、出血。若继发细菌感染，有败血症变化。肾脏有多发性灰白色结节出现（图1-2-26）。

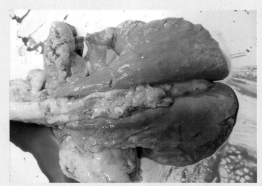

图1-2-24　肺组织表面可见大小不一的灰白色半透明的痘疹

图1-2-25　肺脏表面大小不等的灰白色痘疹，痘疹边缘可见红色炎性充血区

图1-2-26　肾脏表面灰白色大小不等的痘疹

（五）炭疽

炭疽（Anthrax）是由炭疽杆菌引起的家畜、野生动物和人类共患的一种急性、热性、败血性传染病。临床特征为多呈急性经过，多突然死亡，天然孔出血，尸僵不全，脾脏显著肿大。猪炭疽有时表现为局限性咽炭疽。

1.临床症状　羊炭疽多呈最急性(猝死)或急性经过。表现为突然站立不稳，全身

图1-2-27 羊炭疽（鼻孔流血，鼻唇部羊毛被血液污染）

痉挛，随即倒地，摇摆，磨牙，反刍停止，呼吸困难，黏膜发绀，眼、鼻、口腔及肛门等天然孔流出带泡沫的暗红色或黑红色血液（图1-2-27），血凝不全呈煤焦油状，迅速死亡，尸僵不全。

2.主要病理变化　可见皮下、咽喉、肌间和浆膜下组织有出血和胶样浸润（图1-2-28、图1-2-29）。淋巴结肿大、出血，切面潮红（图1-2-30）。脾脏高度肿胀，超出正常脾脏3～4倍（图1-2-31），脾髓呈黑紫色。

图1-2-28 羊炭疽（胸部肌肉出血斑点）

图1-2-29 羊炭疽（颈胸部皮下严重的出血性胶状浸润）

图1-2-30 羊炭疽（出血性淋巴结炎，淋巴结出血呈黑红色）

图1-2-31 羊炭疽（脾肿大，质软，表面可见出血斑点）

3.生物安全处理　屠宰检疫发现炭疽时，限制移动，并按《中华人民共和国动物防疫法》《重大动物疫情应急条例》《病死及病害动物无害化处理技术规范》《畜禽屠宰卫生检疫规范》（NY 467—2001）、《羊屠宰检疫规程》等有关规定处理。严禁剖检炭疽病羊或疑似炭疽羊。

（1）宰前检疫发现炭疽，病羊须立即扑杀，尸体焚毁；同群羊用密闭运输工具运到指定地点，用不放血方法全部扑杀，尸体焚毁，禁止掩埋炭疽病羊及尸体。

（2）宰后检疫发现炭疽，病羊的整个屠体、胴体和内脏及其他副产品必须焚毁处理；同批产品或副产品焚毁处理。禁止掩埋炭疽病羊的屠体、胴体、内脏及其他产品。

（六）布鲁氏菌病

布鲁氏菌病（Brucellosis）是由布鲁氏菌引起的人畜共患的一种慢性传染病。临床和病理特征是生殖器官和胎膜发炎，引起流产、不育和各种组织的局部病灶。

1.临床症状　羊多呈隐性感染，临床症状不明显，宰前不易发现。少数病羊出现关节炎、滑液囊炎和腱鞘炎，常侵害膝关节和腕关节，关节肿胀、疼痛，出现跛行。怀孕母羊流产，胎衣滞留，胎儿死亡，从阴道流出污秽、恶臭的分泌物。公羊发生睾丸炎、附睾炎（图1-2-32）。

2.主要病理变化　主要病变为阴道、子宫、睾丸等生殖器官的炎性坏死（图1-2-33、图1-2-34）。淋巴结、脾脏、肝脏、肾脏等器官形成特征性肉芽肿(布鲁氏菌病结节)。有的可见关节炎病变。

图1-2-32　公绵羊阴囊水肿，睾丸下垂
（崔治中、金宁一，动物疫病诊断与防控彩色图谱）

图1-2-33　精索炎：精索呈结节或团块状（离体放的精索和睾丸）

图1-2-34　精索炎：精索肿胀，阴囊鞘膜腔积水（腔内积水已排出），睾丸上移

（七）肝片吸虫病

肝片吸虫病(Fascioliasis hepatica)是由肝片形吸虫寄生于人和羊、牛等哺乳动物的胆管内所致的人兽共患寄生虫病。特征为消瘦，眼睑、下颌、胸前和腹下水肿。

各种年龄、性别、品种的羊均能感染，羔羊和绵羊的病死率高。病畜为传染源。羊吃了附着有肝片吸虫囊蚴的水草，经消化道感染。

人因食用含有感染力囊蚴的水生植物或饮用含囊蚴的水偶被感染。

1.临床症状　急性病例病势迅猛，病羊突然倒毙，病初体温升高，精神沉郁，食欲减退或消失，腹胀，有腹水，有时腹泻，严重贫血。重者可在几天内死亡。病羊高度消瘦，黏膜苍白，贫血眼睑、颌下及胸腹下水肿，衰竭死亡（图1-2-35、图1-2-36）。

图1-2-35　病羊严重消瘦，精神沉郁

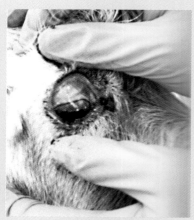

图1-2-36　眼结膜贫血、苍白
（崔治中、金宁一，动物疫病诊断与防控彩色图谱）

图1-2-37　肝脏肿大，表面可见大量幼虫移行虫道

2.主要病理变化　急性病例可见肝脏肿大，包膜有纤维沉积，有长2~5mm的暗红色虫道，虫道内有凝固的血液和少量幼虫。慢性病例早期肝肿大，以后萎缩变硬，胆管增厚变粗，像条索样突出于表面，切开胆管见有虫体和污浊浓稠的液体（图1-2-37至图1-2-41）。

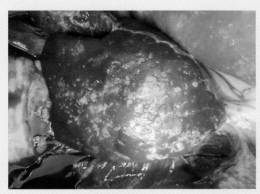

图1-2-38　肝脏表面密布条索状和斑块状的灰白色病灶

图1-2-39　在肝小胆管内的肝片吸虫虫体

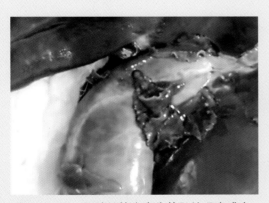

图1-2-40　肝脏胆管内寄生的肝片吸虫成虫

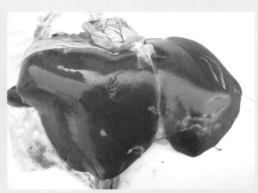

图1-2-41　肝片吸虫幼虫在肝脏中移行形成的条索状病灶

（八）棘球蚴病

棘球蚴病(Echinococcosis)又称包虫病，是棘球绦虫的中绦期寄生于人、牛、羊、猪及其他动物的肝、肺及其他器官而引起的一种人兽共患寄生虫病。棘球蚴体积大，生长力强，可寄生于人、畜体内任何部位，不仅压迫周围组织使之萎缩、功能障碍，还易造成继发感染。如果包囊破裂，可引起过敏反应，甚至死亡。

1. 临床症状　轻度感染和感染初期

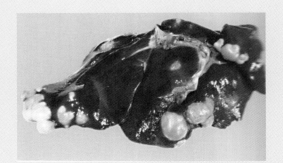

图1-2-42　棘球蚴寄生于羊肝脏（肝脏表面凹凸不平，体积增大，有数量不等的棘球蚴囊泡突起）

（崔治中、金宁一，动物疫病诊断与防控彩色图谱）

通常无明显症状。严重感染的羊被毛逆立，时常脱毛，营养不良，消瘦。肺部感染时有明显的咳嗽，咳后往往卧地，不愿起立。

2.主要病理变化　虫体经常寄生于肝脏和肺脏。可见肝、肺表面凹凸不平，体积增大，有数量不等的棘球蚴囊泡突起，肝、肺实质中存在有数量不等、大小不一的棘球蚴包囊，囊内含有大量液体，除不育囊外，囊液沉淀后，即可见大量的包囊砂（图1-2-42）。有时棘球蚴可发生钙化和化脓。此外，在脾、肾、脑、脊椎管、肌肉及皮下偶可见棘球蚴寄生。

第三节　羊屠宰检验有关品质异常肉图解

在羊屠宰检验中，有时会遇到气味和色泽异常肉，以及胴体和脏器出血、水肿、脓肿等病理变化，还可能发现注水肉、病羊肉等。要注意对这些品质异常肉的检验。对不合格产品按有关规定进行处理，以确保羊屠宰产品的安全性。

一、气味异常肉

1.产生原因　如图1-3-1所示。

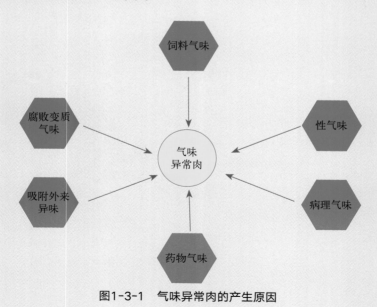

图1-3-1　气味异常肉的产生原因

2.检验　对于气味异常肉的检验，目前还主要是通过嗅闻的方法。可以直接闻味，也可取羊肉样品煮沸后，检查肉汤的气味和滋味。对于性气味检查，可通过烧烙局部进行检查。

二、色泽异常肉

虽然羊肉的色泽因羊的性别、年龄、肥度、宰前状态等不同而略有差异，但是都有其正常的色泽范围。色泽异常肉的产生主要是病理性因素、腐败变质、冻结、色素代谢障碍等因素造成的。因此，羊肉的色泽可以作为鉴别羊肉质量的依据之一。

（一）黄脂肉

1.产生原因　黄脂又称为黄膘，是指脂肪组织的一种非正常的黄染现象。与长期饲喂胡萝卜等饲料以及机体色素代谢功能失调或羊的品种、遗传、年龄、性别有关。饲料中维生素E缺乏，长期服用或注射土霉素也会导致黄色素在脂肪组织中沉积使脂肪发黄。

2.检验　宰后检验可见胴体的脂肪组织呈黄色，肠系膜脂肪和肾脏周围脂肪也呈黄色，混浊，质地坚硬，或带鱼腥味。严重时，全身脂肪黄染，皮下脂肪呈鲜艳的黄色；肾脏周围脂肪、心包周围脂肪、大网膜脂肪、肝脏上的脂肪均呈淡黄红色（图1-3-2、图1-3-3）。一般随着放置时间的延长，黄色逐渐减退，烹饪时无异味。胆红素测定为阴性。

图1-3-2　黄脂肉（羊大网膜黄染）　　　　图1-3-3　黄脂肉（羊心包膜脂肪黄染）
（马利青，肉羊常见病防制技术图册）　　　（马利青，肉羊常见病防制技术图册）

（二）黄疸肉

1.产生原因　黄疸是由于机体发生某些传染病、寄生虫病、中毒性疾病、溶血性疾病等，引起胆汁排泄障碍，致使大量胆红素进入血液，而将全身各组织染成黄色的结果。

2. 检验 宰后检验可见除脂肪组织发黄外，皮肤、黏膜、浆膜、结膜、巩膜、关节滑液囊液、组织液、血管内膜、肌腱，甚至实质器官，均染成不同程度的黄色（图1-3-4）。其中关节滑液囊液、组织液、血管内膜、皮肤和肌腱的黄染，在黄疸与黄脂的感官鉴别上具有重要意义。黄疸胴体一般随放置时间的延长，黄色非但不见减退，甚至会加深。

当感官检查不能确定黄脂与黄疸时，可通过实验室测定胆红素来区别。黄疸肉胆红素测定为阳性。

（三）白肌病

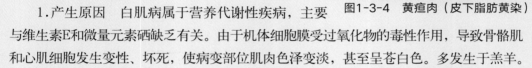

图1-3-4　黄疸肉（皮下脂肪黄染）

1. 产生原因 白肌病属于营养代谢性疾病，主要与维生素E和微量元素硒缺乏有关。由于机体细胞膜受过氧化物的毒性作用，导致骨骼肌和心肌细胞发生变性、坏死，使病变部位肌肉色泽变淡，甚至呈苍白色。多发生于羔羊。

2. 检验 宰后检验可见病变的肌肉多呈现灰白色条纹和斑块，严重的整个肌肉呈弥漫性黄白色（图1-3-5、图1-3-6），切面干燥，外观似鱼肉样，常呈左右两侧肌肉对称性损害（图1-3-5）。常发生于半腱肌、半膜肌和股二头肌（图1-3-7、图1-3-8），其次是背最长肌。右心室扩大，心壁薄，心肌柔软（图1-3-6）。心肌严重受损时，可以同时见到肺水肿、充血和胸腔积液。

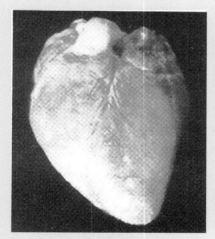

图1-3-5　心肌颜色变淡（羊心肌的颜色变淡，并可见不均匀的弥漫性淡灰黄色斑点）

（陈怀涛，兽医病理学原色图谱）

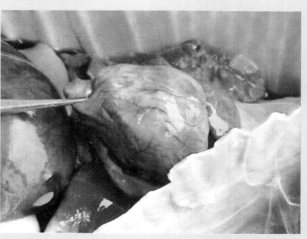

图1-3-6　心肌柔软（山羊心肌柔软，可见不均匀的灰白色斑块状病变）

（陈怀涛，兽医病理学原色图谱）

图1-3-7 骨骼肌颜色变淡（羊骨骼肌颜色变淡并
可见灰白色条纹和斑块）
（陈怀涛，兽医病理学原色图谱）

图1-3-8 骨骼肌色淡（山羊腿部肌肉柔软，
颜色变淡）
（陈怀涛，兽医病理学原色图谱）

（四）DFD肉

1.产生原因 DFD肉(Dark firm dry)又称为黑干肉，主要是羊宰前由于受应激原长时间轻微刺激，如饲喂规律紊乱、宰前停食过久、环境温度剧变、长途运输等，使肌糖原大量消耗，乳酸含量减少，肌肉pH接近中性，系水力增强，而表现DFD肉综合特征。

2.检验 宰后可见肌肉颜色暗红，质地坚硬，切面干燥。

（五）黑色素异常沉着

1.产生原因 黑色素异常沉着又称黑变病，是指黑色素异常沉着在机体的组织、器官内而引起的病理变化。先天性的发育异常或后天性黑色素细胞扩散、演化，都可导致黑变病。最常见于幼龄羊。

2.检验 多见于心、肝（图1-3-9）、肺、肾、胸膜、脑膜、脑脊髓膜、淋巴结、胃肠道、皮下等部位，沉着区域呈棕褐色或黑色，范围由斑点大小至整个器官。

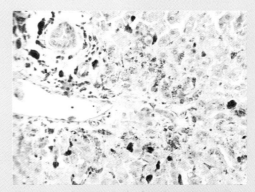

图1-3-9 羊肝黑变病（肝窦枯否氏细胞和间质的细胞中含有大量棕褐色或黑色素颗粒，HE×400）
（陈怀涛，兽医病理学原色图谱）

三、劣质肉

（一）注水肉

注水羊肉是指向活羊体内注水后屠宰或在屠宰加工中向屠体或胴体肌肉中注水

后的羊肉。注水量可达体重的10%～20%。更有甚者注入胶和水的混合液，以增加重量，谋取暴利，所用胶有卡拉胶、琼脂、黄原胶等。注水是一种掺假伪造行为，会导致食品安全隐患。

1.感官检查　正常鲜羊肉的色泽、弹性、切面状态符合鲜羊肉的特点。注水羊肉肌纤维肿胀，肉表面水润发亮；肉颜色比正常羊肉浅，呈浅粉红色；肌肉缺乏弹性、不黏手；切割后，切口往往有汁液渗出；胴体表面无风干膜，吊挂时有浅红色血水滴下；指压肉凹陷恢复较慢（图1-3-10）。

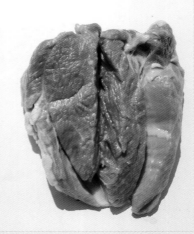

图1-3-10　正常鲜羊肉与注水鲜羊肉比较（左为正常鲜羊肉，右为注水羊肉）

注胶肉比正常的肉硬，柔软度不够；注胶肉与正常肉的颜色往往有差异，一般偏黄（卡拉胶为淡黄色粉末）；有些不法商贩采用工业用卡拉胶，致使注胶肉有异常气味。

2.实验室检查　水分含量测定按照《肉与肉制品　水分含量测定》规定的方法操作（GB/T 9695.15—2016）。

（二）消瘦和过度羸瘦肉

1.消瘦检验　肌肉萎缩，脂肪减少，常伴有局部或者全身组织器官的病理变化，不同疾病有不同的病理变化。多见疾病引起的肌肉退行性变化，如慢性消耗性疾病（结核病、副结核病等）可引起机体消瘦（图1-3-11）。

图1-3-11　羊副结核病引起的消瘦（羊体矮小，严重消瘦）

2.羸瘦检验　肌肉萎缩，脂肪减少，皮下、体腔和肌间脂肪锐减或消失，但组织器官通常无肉眼可见病理变化。见于饲料不足、饲喂不合理而引起的机体严重消耗，多见于老龄羊。

四、组织器官病变

（一）出血

引起组织器官出血的原因有疾病性的和物理性的，对于不同原因引起的出血处理方法不同，所以检验时应注意区分。

1.检验

（1）病原性出血　是因局部感染或羊的传染病所致组织器官出血。皮肤、皮下组织、肌肉以及器官的浆膜、黏膜、淋巴结有出血点、出血斑或出血性浸润，并伴有全身性或局部组织器官的其他病理变化。如小反刍兽疫、羊巴氏杆菌病等传染病引起的组织器官出血（图1-3-12、图1-3-13）。

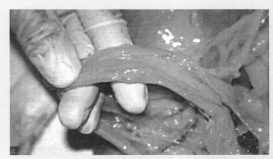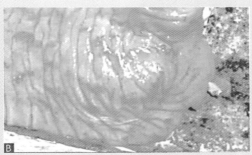

图1-3-12　病羊大肠出现斑马状条纹出血（小反刍兽疫）

（王志亮、吴晓东、包静月，小反刍兽疫）

（2）电麻性出血　电麻致昏时，因电压过高或时间过长引起的出血。多发生于肺脏。表现为新鲜的放射状出血点，有时密集成片，局部淋巴结虽有边缘出血，但不肿大，无炎症反应。

（3）机械性出血　因机械力作用所致。羊宰前被暴力驱赶、吊挂或发生外伤、骨折，引起皮下和肌间组织的血管破裂出血，多见于臀部、后肢关节等部位，严重时可见血肿。

图1-3-13　病羊肺充血、出血、水肿，颜色深红，间质增宽（羊巴氏杆菌病）

（崔治中、金宁一，动物疫病诊断与防控彩色图谱）

（4）窒息性出血　宰前缺氧、窒息引起组织出血。多见于颈部皮下、胸腺和支气管黏膜，表现为静脉怒张，血液呈黑红色，有数量不等的暗红色瘀斑和瘀点。

（二）水肿

水肿是过多的组织液在细胞间隙积聚形成。水肿按其发生部位不同分为全身性水肿和局限性水肿。

检验：全身性组织水肿可见全身组织器官肿胀，缺乏弹性，严重时，切开局部有液体渗出。局限性水肿多见皮肤水肿、器官水肿。局部肿胀，颜色变浅，失去弹性，触之质如面团，指压遗留压痕，切开后可见大量浅黄色液体流出（图1-3-14）。

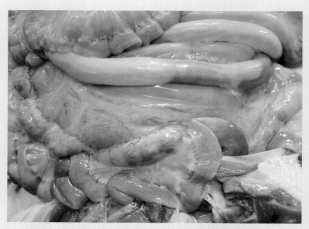

图1-3-14　羊肠系膜水肿（呈透明的胶冻状）

（三）脓肿

检验：脓肿具有包囊，内有潴留的淡黄色的脓液。多见于肺脏（图1-3-15）和肝脏。耳根、颈部、臀部脓肿多因注射感染引起，有时可见注射的痕迹。有时头面部、四肢、子宫、乳房、肾等组织脓肿也见脓肿。

图1-3-15　肺脓肿

第四节　羊屠宰工艺流程、人员卫生及人员防护要求

一、羊屠宰工艺流程

不同的羊屠宰加工企业，由于安装的屠宰加工设备不同，具体的屠宰解体工序也有差异，目前还没有颁布羊屠宰操作规程的国家标准或行业标准。羊的一般屠宰工艺流程如图1-4-1所示。

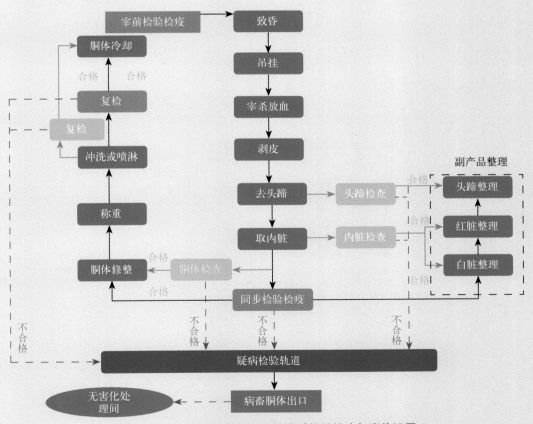

图1-4-1　羊屠宰工艺流程及检查（检验检疫）岗位设置

1.蓝色方框为主要屠宰工艺流程　2.橙色方框为大中型羊屠宰厂（有同步检验检疫轨道）的宰后同步检验检疫岗位

3.绿色方框为小型羊屠宰厂（没有设置同步检验检疫轨道，只有一条轨道）的宰后检验检疫岗位

（一）宰前要求

1.待宰羊应健康良好，并附有产地动物卫生监督机构出具的《动物检疫合格证明》（图1-4-2、图1-4-3）。

图1-4-2　入厂（场）查验羊健康良好

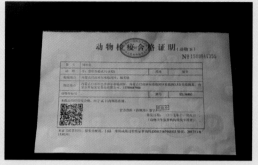

图1-4-3　待宰羊有《动物检疫合格证明》

2.羊进厂（场）后，宰前3 h停止喂水。待宰时间超过24 h的，宜适量喂食（图1-4-4）。

图1-4-4　待宰饮水

3.在待宰留养期间，检验检疫人员应深入圈舍巡查，进一步确认羊的健康状况，并填写巡查记录（图1-4-5、图1-4-6）。

4.屠宰前应向所在地动物卫生监督机构申报检疫，按照《羊屠宰检疫规程》和《牛羊屠宰产品品质检验规程》（GB 18393—2001）等进行检疫和检验，合格后方可屠宰。

图1-4-5　圈舍巡查

图1-4-6　巡查记录

5.应按"先入栏先屠宰"的原则分栏送宰,送宰羊通过屠宰通道时,应按产地(户)进行编号,按顺序赶送,不应采用硬器击打。

（二）屠宰操作程序及要求

1.致昏 普通屠宰方式采用电击将羊击晕,电击时,手持麻电器将前端扣在羊的鼻唇部,后端按在耳眼之间的延脑区即可（电压不得过高,麻电部位要准确,以达到有效致昏不致死的目的）（图1-4-7、图1-4-8）。

图1-4-7 赶羊致昏

图1-4-8 麻电法致昏

2.吊挂 将羊的后蹄挂在轨道链钩上,匀速提升,使羊运输至宰杀轨道（图1-4-9）。挂羊要迅速,从致昏到宰杀放血的间隔时间不超过1.5min。

3.宰杀放血 一般采用从羊喉部下刀,三管（食管、气管和血管）齐断的方法放血（图1-4-10）。宰杀放血刀每次使用后,应使用不低于82℃的热水消毒。沥血（图1-4-11）时间不应少于5min。

图1-4-9 吊挂上轨

图1-4-10 三管齐断法宰杀放血

图1-4-11 沥血

4、剥皮

（1）预剥皮

①挑裆、剥后腿皮（图1-4-12）   环切跗关节皮肤，使后蹄皮和后腿皮上下分离，沿后腿内侧横向划开皮肤并将后腿部皮剥离开，同时将裆部生殖器皮剥离。

②划腹胸线（图1-4-13）   从裆部沿腹部中线将羊皮划开至剑状软骨处，初步剥离腹部皮肤，然后握住羊胸部中间位置皮毛，用刀沿胸部正中线划至羊脖下方。

图1-4-12   挑裆、剥后腿皮

图1-4-13   划胸腹线

③剥胸腹部皮（图1-4-14）   将腹部、胸部两侧皮张进行剥离开，剥至肩胛骨位置。

④剥前腿皮（图1-4-15）   沿羊前腿趾关节中线处将皮挑开，从左右两侧将前腿外侧皮剥至肩胛骨位置，刀不应伤及胴体。

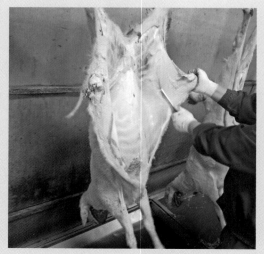

图1-4-14   剥胸腹部皮

图1-4-15   剥前腿皮

⑤剥羊脖皮（图1-4-16） 沿羊脖喉部中线将羊皮向两侧剥离开。

⑥剥尾部皮（图1-4-17） 将羊尾内侧皮沿中线划开，从左右两侧剥离羊尾皮。

⑦捶皮（图1-4-18） 手工或使用机械方式用力快速捶击肩部或臀部的皮与胴体之间部位，使皮张与胴体分离。

图1-4-16 剥羊脖皮

图1-4-17 剥羊尾皮

图1-4-18 捶皮

（2）扯皮

①手工扯皮（图1-4-19） 从背部将羊皮扯掉，扯下的羊皮放置到皮张贮存间。

②机械扯皮（图1-4-20） 预剥皮后的羊胴体输送到扯皮设备，由扯皮机匀速拽下羊皮，扯下的羊皮放置到皮张贮存间。

图1-4-19 手工扯皮

图1-4-20 机械扯皮

图1-4-21　去头

③扯皮要求　皮张应完整、无破裂、不带膘肉。胴体不带碎皮，肌膜完整。

5.去头、蹄

（1）去头（该工序也可在"剥胸腹部皮"后进行）　固定羊头，从寰椎处将羊头割下，挂（放）在指定的地方（图1-4-21）。

（2）去蹄　从腕关节切下前蹄，从跗关节处切下后蹄，挂（放）在指定的位置（图1-4-22、图1-4-23）。

图1-4-22　切后蹄

图1-4-23　切前蹄

6.取内脏

（1）结扎食管　划开食管和颈部肌肉相连部位，将食管和气管分开（图1-4-24），把胸腔前口的气管剥离后，手工或使用结扎器结扎食管，防止食糜污染胴体。

（2）切肛（图1-4-25）　将肛门沿肛门四周割开并剥离，便于取白脏。

（3）开腔（图1-4-26）　从肷部下刀，沿腹中线划开腹壁膜至剑状软骨处。下刀时不应损伤脏器。

（4）取白脏（图1-4-27）

①人工方式　用一只手扯出直肠，另一只手伸入腹腔，按压胃部同时抓住食管将白脏取出，放在指定的位置。应保持脏器完好，无残留。

②自动方式　使用吸附设备把白脏从羊的胸腔取出。

（5）取红脏（图1-4-28）

①人工方式　持刀紧贴胸腔内壁切开膈肌，拉出气管，取出心、肺、肝，放在指定的位置。应保持脏器完好、无残留。

②自动方式　使用吸附设备把红脏从羊的胸腔取出。

图1-4-24　分离食管　　　　　图1-4-25　切肛　　　　　图1-4-26　开腔

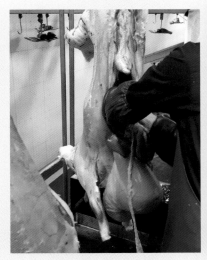

图1-4-27　取白脏　　　　　　图1-4-28　取红脏

7.检验检疫

（1）同步检验按照《牛羊屠宰产品品质检验规程》（GB 18393—2001）要求进行。

（2）同步检疫按照《羊屠宰检疫规程》（农医发[2010]27号）要求进行。

8.胴体修整　修去胴体表面的淤血、残留腺体、污物和皮角等（图1-4-29至图1-4-31）。

图1-4-29　修去淤血

图1-4-30　修羊尾

图1-4-31　修皮角

9.称重　应确保电子秤计量误差在允许范围内，逐只称量羊胴体，称重数据要及时准确记录（图1-4-32）。

10.冲洗　用32℃左右温水，冲洗整个羊胴体内外侧及刀口处，以清除胴体内外的浮毛、血迹等污物，应保证胴体干净无异物（图1-4-33）。清洗后符合要求的，按照生产工艺进行后续处理。

图1-4-32　胴体称量

图1-4-33　冲洗胴体

11.副产品整理　副产品整理（图1-4-34至图1-4-37）过程中，不应落地加工。去除污物，清洗干净。红脏与白脏、头、蹄等应严格分开，避免交叉污染。

图1-4-34　头蹄整理

图1-4-35　白脏整理

图1-4-36　红脏整理

图1-4-37　皮张整理

12.冷却

（1）按顺序把羊胴体送入冷却间，胴体应排列整齐，胴体间距不少于3cm（图1-4-38）。

（2）羊胴体冷却间设定温度0～4℃，相对湿度保持为85%～90%，冷却时间应不少于12h。冷却后的胴体中心温度不高于7℃。

（3）副产品冷却后产品中心温度不高于3℃。

（4）冷却后检查胴体深层温度（图1-4-39），符合要求的进行鲜销等后续加工。

图1-4-38 胴体冷却

图1-4-39 胴体深层温度的测量

13.冷冻 将冷却后的肉按需要分割后，放冷库中速冻，以便长期保存（图1-4-40、图1-4-41）。

图1-4-40 产品冷冻

图1-4-41 副产品的冷冻

（三）产品分割包装

按照《羊肉分割技术规范》（NY/T1564—2007）的要求通过穿脊、倒脖、开裆、刮架子等剔骨步骤将羊脖、尾部和羊胴体的骨头和肉分离；对羊后腿、前腿进行剔骨或不剔骨；然后对预包装的产品的淋巴结、血污、碎骨、淤血进行修整，去掉堆积脂肪。包装成定重或者不定重的产品（图1-4-42、图1-4-43）。

图1-4-42　剔骨

图1-4-43　分割

二、人员卫生及人员防护要求

（一）人员防护

1.健康资格要求　从事屠宰加工作业的生产人员，应经过专业培训，且须取得所在区域医疗机构出具的健康证明后方可上岗（图1-4-44）。组织每年定期或者不定期的操作规范相关考核，记录存档。长期从事屠宰加工（检验）作业的生产人员，至少每年进行一次健康检查。凡是患有影响食品安全疾病者，均应调离或者停止屠宰加工（检验检疫）工作岗位，痊愈后经检查合格后方可重新上岗。

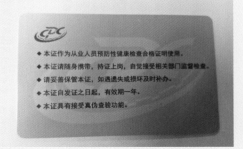

图1-4-44　健康证明

2.个人防护　屠宰加工场（厂）全体工作人员及检验检疫人员应做好个人防护，进入车间必须穿戴好防护用品（工衣、工帽、口罩、工鞋及胶手套等），按照流程进行清洗、消毒等，以免感染人畜共患病（图1-4-45）。

接触过炭疽等烈性传染病病羊及其产品的人员，应做相应的预防和治疗，其工作服、口罩、工鞋及其工具必须按照程序进行严格的消毒。

车间应配备外伤急救药箱，凡是受伤人员应立即停止作业，采取妥善的处理措施；未加防护之前，不得继续进行屠宰加工生产相关的工作。

图1-4-45　操作时戴胶手套

3.着装要求　屠宰加工人员应保持个人清洁卫生，穿戴洁净的工衣、工帽、口罩、胶靴，离开车间时换下工衣、工帽、口罩、胶靴；禁止在生产车间更衣；与水接触较多的生产人员，应穿戴不透水的工衣、工裤或者佩戴围裙（图1-4-46、图1-4-47）。洁净度等级不同的区域或者工种不同的人员应穿戴不同颜色或标识的工作服、工帽等，而且员工在工作期间不得串岗。

图1-4-46　进入生产车间前更衣，
　　　　　穿戴工衣、工帽、口
　　　　　罩、胶靴

图1-4-47　穿戴防水服装（防水围裙）

工厂应设置专用洗衣房，工作服集中管理，统一清洗、消毒，统一发放（图1-4-48）。

4.卫生习惯　进出车间必须对手部进行清洗、消毒（图1-4-49）。穿着鞋靴必须经过车间门前的消毒池消毒（图1-4-50）。不得在车间饮水、进食，不得随地吐痰，不准对着产品咳嗽、打喷嚏。饭前、便后、工作前后要洗手。为防止衣服上的灰尘及毛发等带入车间，员工可经车间入口处的风淋室后再进入车间（图1-4-51）。

图1-4-48　专用洗衣房

图1-4-49　洗手、消毒后进入车间

图1-4-50　鞋靴消毒

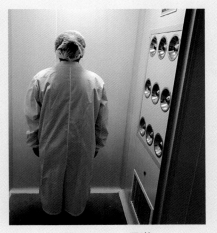
图1-4-51　风淋

（二）消毒

消毒是指利用物理、化学或生物等方法杀死或去除环境中媒介物携带的除细菌芽孢以外的病原微生物或有害微生物，以防止疾病传播和危害发生的措施。

1.车辆消毒　屠宰厂（场）车辆入口处应设置消毒池，池内应置溶液高度不小于25cm的2%～3%氢氧化钠溶液或含有效氯600～700mg/L的消毒溶液（图1-4-52）。

同时，配置低压消毒器械，对进出场（厂）车辆喷洒消毒（图1-4-53）。

车辆装运前进行清扫，然后用0.1%苯扎溴铵溶液消毒；装运过健康羊的车辆经清扫后，宜用水冲洗，用0.025%的含氯消毒液消毒；装运过患病羊的，清扫后用4%氢氧化钠溶液消毒2~4h后用清水冲洗；装运过恶性传染病病羊的，先用4%甲醛溶液或含有效氯不低于4%的漂白粉澄清溶液喷洒消毒（均按0.5kg/m²消毒液量计算），保持30min后再用热水仔细冲洗，然后再用上述消毒溶液进行消毒（1kg/m²）。

图1-4-52　车辆入厂消毒设施

图1-4-53　车辆消毒

2.圈舍消毒　要求进圈前清扫，出圈后清扫消毒。先清除粪便等污物，再用生石灰对地面进行消毒（图1-4-54、图1-4-55）；或者喷洒消毒液，消毒液停留15min后再清洗。

图1-4-54　清扫后的待宰圈

图1-4-55　生石灰消毒待宰圈地面

3.车间消毒　屠宰车间、分割车间、加工场地及包装车间每班前后要彻底清洗1次，将地面、墙面、操作台、器具、设备等彻底清洗干净（图1-4-56、图1-4-57），有条件的企业要用紫外线或者臭氧进行消毒灭菌（图1-4-58、图1-4-59）。

图1-4-56　屠宰车间的清洗

图1-4-57　分割车间的清洗
（锯骨机清洗）

图1-4-58　紫外线消毒

图1-4-59　臭氧发生器

　　4.刀具消毒　屠宰和检验用刀具每班用后洗净、煮沸消毒后再用0.1%苯扎溴铵、0.5%过氧乙酸溶液等浸泡消毒（图1-4-60）。屠宰过程中与胴体接触的刀具应使用不低于82℃的热水消毒，做到一羊一刀消毒（图1-4-61）。如果所用的工具（刀、钩、刀棍等）触及了带病菌的屠体或者病变组织，应将工具彻底消毒后再用。

图1-4-60　刀具浸泡消毒

图1-4-61　刀具82℃热水消毒

5.冷库消毒　应做好定期消毒计划，消毒前先将冷库内产品全部搬空，升高温度，用机械方法清除污物、冰霜、霉菌等，然后用5%～10%过氧乙酸、乳酸溶液熏蒸消毒。发生疫情时应进行紧急消毒，将冷库内搬空后在低温条件下用过氧乙酸加热熏蒸消毒。消毒完毕后，打开库门通风换气，驱散消毒剂的味道。注意冷库消毒不可使用剧毒药物。

6.人员消毒　车间入口应设置洗手、消毒、干手设施（图1-4-62）。工作人员进入车间前需要按照规定的程序对手部进行清洗、消毒（图1-4-63）；对鞋靴进行消毒。分割包装车间的员工每半小时需用75%酒精对手部进行消毒1次，生产结束后，更换完工衣、工帽、工鞋后，要对双手彻底清洗、消毒后方可离开生产车间。

图1-4-62　车间入口设置洗手、消毒、干手设施

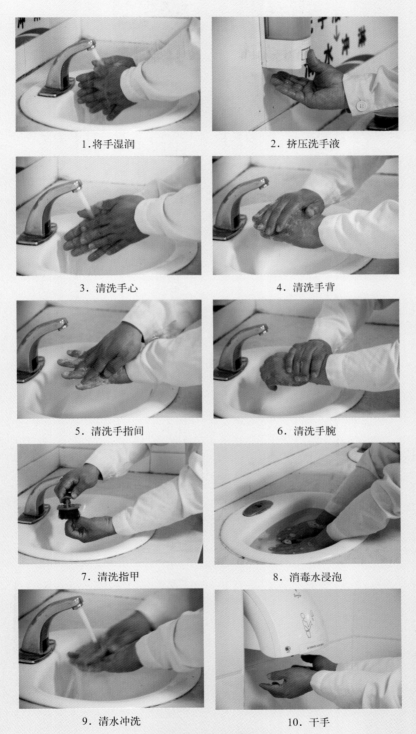

1.将手湿润　　　　　　2.挤压洗手液

3.清洗手心　　　　　　4.清洗手背

5.清洗手指间　　　　　6.清洗手腕

7.清洗指甲　　　　　　8.消毒水浸泡

9.清水冲洗　　　　　　10.干手

图1-4-63　洗手消毒程序

第二章

宰前检验检疫图解

羊的宰前检验检疫是屠宰检验检疫的一个重要环节，对于防止病羊进入屠宰场，防止病羊污染屠宰车间，保证屠宰产品质量安全有重要作用。

根据《羊屠宰检疫规程》（农医发[2010]27号）和《反刍动物产地检疫规程》（农医发[2010]20号）及《牛羊屠宰产品品质检验规程》（GB 18393—2001）的规定，羊宰前检验检疫包括验收检验检疫、待宰检验检疫和送宰检验检疫等环节。必要时需进行实验室检验。

第一节　验收检验检疫

一、查证验物

羊从产地运入屠宰厂（场、点）后，在卸载前，检验检疫人员先查验入厂（场、点）羊的《动物检疫合格证明》（图2-1-1、图2-1-2）和佩戴的畜禽标识（耳标）（图2-1-3）；核对羊种类和数目（图2-1-4）。

图2-1-1　查验《动物检疫合格证明》

图2-1-2　动物检疫合格证明（产地检疫）

图2-1-3　检查羊的耳标

图2-1-4　核对羊种类和数目

二、询问

询问货主，了解羊运输途中有关情况，途中是否有病死等情况发生（图2-1-5）。

三、临车观察（临床检查）

图2-1-5　询问货主

检验检疫人员应注意观察运载工具（运羊车辆等）中羊的精神状况、外貌、呼吸状态及排泄物状态等情况。如实记录监督查验结果，根据查验结果，决定是否准许卸载入厂或其他处理决定（图2-1-6）。

图2-1-6　临车检查

四、"瘦肉精"检查

在羊卸载时或进入待宰圈留养期间，用一次性杯子按3%～5%的比例接取羊尿液（图2-1-7、图2-1-8）进行"瘦肉精"（β-肾上腺能受体激动剂类化合物）的检测。通常采用胶体金免疫层析法检测盐酸克仑特罗、莱克多巴胺及沙丁胺醇等"瘦肉精"（图2-1-9至图2-1-11）。

图2-1-7　准备采集羊尿样本

图2-1-8　接取羊尿液

图2-1-9 对用尿液样本进行"瘦肉精"检测

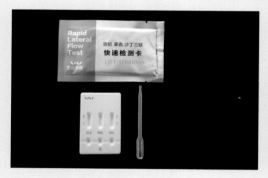

图2-1-10 克仑特罗、莱克多巴胺、沙丁胺醇
三联快速检测卡

图2-1-11 "瘦肉精"自检记录表

五、卸载、分圈

在卸载台与圈舍之间应设置狭长的走廊。卸载时，驱赶羊通过狭长的走廊进入分群（圈舍）（图2-1-12至图2-1-14），检验检疫人员站在走廊旁便于观察的位置，视检行进中羊只的精神状态、外貌和行走姿态，对发现有异常的羊赶入隔离观察圈（图2-1-15），以待进一步诊断。

羊分圈原则是：不同产地、不同货主、不同批次的羊不得混群同圈。

图2-1-12 卸载

图2-1-13 视检分群（圈舍）

图2-1-14   分圈管理

图2-1-15   隔离观察圈

六、回收证明、车辆消毒

经入厂验收检验符合规定的，检验检疫人员即可回收《动物检疫合格证明》，并监督货主在卸载后对运输工具及相关物品进行清洗消毒。屠宰企业应免费提供消毒场所、消毒设备和冲洗设备等。

第二节　待宰期间的检验检疫

羊宰前检验检疫是屠宰检验检疫的首要环节，其目的在于剔除病羊。在待宰期间，检验检疫人员还要深入圈舍，对待宰羊进行进一步检查。

羊在待宰期间进行的宰前临床检查，通常采用群体检查和个体检查相结合的临床检查方法。必要时进行实验室检查。

在待宰期间，除了完成宰前检验检疫工作之外，还要同时进行宰前管理（待宰静养、停食饮水）的工作。

一、宰前临床检查方法

（一）群体检查

将来自同一地区、同一运输工具、同一批次或同一圈舍的羊作为一群进行检查。

群体检查从静态、动态和饮食状态三方面进行。注意观察羊群体的精神状态、外貌、呼吸状态、运动状态、饮水饮食、反刍状态及排泄物状态等有无异常。如发现有病羊或者可疑病羊，转入隔离观察圈，以进行下一步的个体检查。

图2-2-1　静态检查

1.静态检查　在安静、不惊扰的状态下，检查羊的精神状态、外貌、营养、立卧姿势、呼吸状态、分泌物等（图2-2-1）。注意羊有无精神不振、被毛粗乱、消瘦、站立不稳、独立一隅、咳嗽、气喘、呼吸困难、呻吟、流涎、昏睡等异常情况，并注意分泌物的色泽、质地等是否正常。

2.动态检查　注意检查羊的运步姿势、步态等有无异常（图2-2-2），重点观察有无跛行（图2-2-3）、屈背拱腰、行走困难、步态不稳、共济失调、离群掉队、卧地不起、瘫痪等症状。

图2-2-2　动态检查

图2-2-3　羊跛行

（丁伯良，羊的常见病诊断图谱及用药指南）

3.饮食状态检查　检查羊的饮食、咀嚼、吞咽、反刍等有无异常，排泄物的色泽、质地、气味等有无异常。注意观察食欲、饮欲是否变化，有无少食、慢食、拒食、不饮、吞咽和咀嚼困难等现象。

（二）个体检查

对群体检查时发现的异常个体，或者从正常群体中随机抽取的5%～20%个体，通过视诊、听诊、触诊、检测（重点是检测体温）等方法，逐只进行个体的临床检查。检查羊个体的精神状况、体温、呼吸、皮肤、被毛、可视黏膜、胸廓、腹部及体表淋巴结，排泄动作及排泄物性状等。

1.视诊　观察羊的精神状态（图2-2-4、图2-2-5）及外貌体征、被毛和皮肤（图2-2-6）、可视黏膜、眼结膜（图2-2-7、图2-2-8）、天然孔、鼻镜（图

2-2-9)、齿龈（图2-2-10、图2-2-11）、蹄等部位（图2-2-12、图2-2-13）是否正常，注意羊的呼吸、起卧和运动姿势、排泄物等有无异常，口部、尾巴无毛处有无痘疹。

图2-2-4　羊精神沉郁，低头垂耳，头颈偏向
　　　　　一侧
（丁伯良，羊的常见病诊断图谱及用药指南）

图2-2-5　病羊精神委顿
（丁伯良，羊的常见病诊断图谱及用药指南）

图2-2-6　观察羊的外貌、被毛和皮肤

图2-2-7　观察可视黏膜、眼结膜

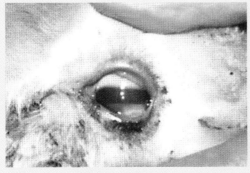

图2-2-8　结膜潮红
（丁伯良，羊的常见病诊断图谱及用药指南）

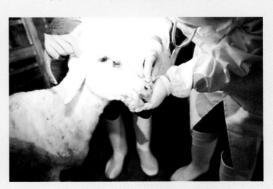

图2-2-9　观察天然孔、鼻镜

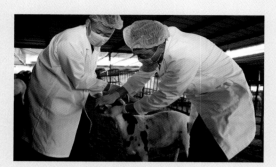

图2-2-10　观察口腔、齿龈及舌

图2-2-11　羊齿龈和下唇内侧黏膜出现坏死和烂斑

（陈怀涛、贾宁，羊病诊疗原色图谱）

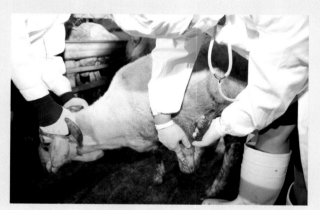

图2-2-12　观察羊蹄部

图2-2-13　蹄踵发生水疱和糜烂，皮肤脱落

（丁伯良，羊的常见病诊断图谱及用药指南）

2.听诊　听羊的呼吸是否正常，必要时用听诊器听呼吸音、心音（图2-2-14）、胃肠蠕动音（图2-2-15），注意有无咳嗽、呻吟、发吭、磨牙、喘气、心律不齐、啰音等异常声音。

图2-2-14　用听诊器听呼吸音、心音

图2-2-15　用听诊器听胃肠蠕动音

3.触诊　用手触摸羊的耳、角根、下颌（图2-2-16）、胸前、腹下、四肢、阴囊及会阴等部位的皮肤有无肿胀、疹块、结节等，体表淋巴结的大小、形状、硬度、温度、压痛及活动性。

4.检测　让羊充分休息后，用温度计测量其体温(正常体温为38.0～39.5℃)，如图2-2-17所示，也可测定呼吸、脉搏数，羊的正常呼吸次数为12～30次/min、脉搏数为70～80次/min。

图2-2-16　触摸羊下颌皮肤

健康羊的体温、脉搏和呼吸数基本恒定，羊患病后，这些常数会发生变化，测量这些指标对传染病诊断具有十分重要的作用。

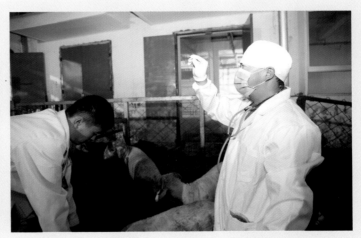

图2-2-17　测量体温

二、待宰管理及检验检疫

（一）停食静养、充分饮水

屠宰场接收羊后，应在待宰圈留养一定时间，以进行宰前静养（休息）和停食管理。通过宰前静养（休息），可以降低宰后肉品的带菌率，提高肉品质量；羊宰前静养的时间为24～48h。

为了减少羊胃肠内容物，利于屠宰解体和放血充分，羊在宰前要停止喂食（图2-2-18），但要保证充足饮水至宰前2～3h（图2-2-19）。

图2-2-18　宰前休息和停食

图2-2-19　充足饮水至宰前2~3h

图2-2-20　深入待宰圈检查

图2-2-21　隔离观察圈

（二）定时观察

待宰期间检验检疫人员应定时深入待宰圈观察（图2-2-20），每天至少巡检3次以上，以群体检查为主进行"三态"检查，必要时进行个体检查。发现疑似或病羊进行隔离或送急宰间处理。

（三）病羊隔离、按章处理

隔离圈内的可疑病羊和病羊经过饮水和适当休息后，进行测温和详细的临床检查，必要时辅以实验室检验进行确诊（图2-2-21）。恢复正常的，可以并入待宰圈；临床症状仍不见缓解、卧地不起，濒临死亡或已死亡的，按照有关规定及时处理。

（四）检疫申报

屠宰厂（场、点）应在屠宰前6h现场申报检疫，填写检疫申报单（图2-2-22）。官方兽医接到检疫申报后，根据相关情况决定是否予以受理。受理的，应当及时实施宰前检查；不予受理的，应说明理由。

图　2-2-22　屠宰检疫申报单

第三节　送宰检验检疫

羊送宰前2h内，检验检疫人员还要对羊进行一次全面的检查，确认健康的，可签发《准宰通知书》，注明产地、头数和检验检疫结果（图2-3-1），送往屠宰车间屠宰（图2-3-2、图2-3-3）。

图2-3-1　准宰通知书

图2-3-2　羊通过V形限制输送机输往屠宰间

图2-3-3　输送至屠宰间轨道起点的羊正在吊挂上轨

第四节　实验室检测

按照《反刍动物产地检疫规程》（农医发[2010]20号）中规定的临床检查方法，对隔离观察圈中的疑似病羊进行个体检查，不能确诊或临床检查发现其他异常情况不能确诊时，应进行实验室检测。

实验室检测应交由具有资质的实验室承担（图2-4-1）。

图2-4-1 实验室检测

第五节 宰前检验检疫结果的处理

经宰前检验检疫，符合规定的健康羊只，准予屠宰。发现病羊或者可疑病羊时，要根据疾病的性质、发病程度、有无隔离条件等情况，采用禁宰、隔离观察、急宰等符合规定的方法处理，并对相关环境、场所实施消毒。

一、合格处理

经入场监督查验，《动物检疫合格证明》有效、证物相符、畜禽标识（耳标）符合要求且耳标与《动物检疫合格证明》登记的耳标号对应、临床检查健康，可卸载入场（图2-5-1），并回收《动物检疫合格证明》。按产地分圈将羊送入待宰圈休息（图2-5-2）。经宰前检查确认健康的，可由检疫人员签发《准宰通知书》，准予屠宰。

图2-5-1 卸载　　　　　　　　图2-5-2 待宰圈留养（按产地分圈）

二、不合格处理

经入场监督查验，不符合《羊屠宰检疫规程》规定条件的（如检疫合格证明无效、证物不符、未佩戴畜禽标识、患有规定的传染病和寄生虫病，发病或疑似发病等情况），按《中华人民共和国动物防疫法》及《病死及病害动物无害化处理技术规范》（农医发[2017]25号）等有关规定处理。

（1）确认羊患有口蹄疫、痒病、小反刍兽疫、绵羊痘和山羊痘、炭疽等疫病症状的，禁止屠宰，用不放血方法扑杀，尸体销毁。发现有布鲁氏菌病症状的病羊要扑杀，尸体销毁；同群羊隔离观察，确认无异常的，准予屠宰。

（2）发现患有其他疫病的，隔离观察后，确认无异常的，准予屠宰。

（3）对患有一般疫病、普通病和其他病理损害的，以及长途运输中出现的应激性疾病的，确认为无碍于肉食安全且濒临死亡的羊只，视情况进行急宰。可疑病羊，经过饮水和充分休息后，恢复正常的，可以转入待宰圈；症状仍不见缓解的，送往急宰间（图2-5-3、图2-5-4）急宰处理。

图2-5-3　急宰间

图2-5-4　急宰间内部

（4）凡病羊、死因不明的死羊尸体（图2-5-5）不得屠宰食用，须用不漏水工具送往屠宰厂（场）的焚烧炉（图2-5-6）销毁。

图2-5-5　死羊尸体

图2-5-6　羊屠宰厂的焚烧炉

三、宰前检验检疫的注意事项

（一）消毒

1.入场消毒　羊进入屠宰厂（场、点）卸载后，货主应对运输工具及相关物品等进行消毒。

2.平时消毒　每天对待宰圈、隔离圈、急宰间、检验检疫室及相关设施等进行消毒（图2-5-7）。

3.发现疫病后消毒　宰前检验检疫发现病羊后，对患病羊停留场所、处理场所等进行彻底的消毒。

图2-5-7　羊圈舍喷洒消毒

（二）疫情报告

宰前检验检疫发现口蹄疫、痒病、小反刍兽疫、绵羊痘和山羊痘、炭疽等疫病症状的，要立即向当地兽医部门报告疫情。

（三）结果记录

宰前检验检疫结束后，应详细记录入场监督查验、检疫申报、宰前临床检查等环节的情况，发现传染病时，除按规定处理外应记录备案。屠宰检验检疫记录应按规定妥善保存，以便统计和查考（图2-5-8、图2-5-9）。

图2-5-8　屠宰检疫情况日记录表　　　　图2-5-9　牛羊屠宰巡监记录表

第三章

宰后检验检疫图解

宰后检验检疫是屠宰检验检疫最为关键的环节，也是宰前检验检疫的继续和补充。通过宰后检验检疫发现宰前检验检疫中漏检的、处于潜伏期或者症状不明显的一些疫病以及普通病、色泽和气味异常肉、肿瘤等，并依照有关规定对病害羊产品和废弃物进行无害化处理，保证羊肉产品质量安全，防止动物疫病和食源性疾病的发生和传播。

第一节　羊宰后检验检疫概述

羊的宰后检验检疫是对屠宰解体后羊的头蹄、胴体、内脏和副产品进行疫病检查、产品品质检验，并根据检验检疫结果进行相应的处理。主要环节有头蹄部检查、内脏检查、胴体检查、复检等。

羊宰后检验检疫按照《羊屠宰检疫规程》（农医发[2010]27号）和《牛羊屠宰产品品质检验规程》（GB 18393—2001）规定的程序和方法实施。

一、宰后检验检疫的方法

（一）检验检疫器具及使用方法

1.检验检疫器具及规格　宰后检验检疫使用的器具主要有检验刀、检验钩和磨刀棒（圆挫钢）（图3-1-1）。检验刀、钩应锋利，以便于使用。每位检验检疫人员应备有两套器具，以便随时更换。

检验刀的刀柄前端下方要有护手装置（图3-1-2），避免自伤；刀刃前端有一定的弧度，便于剖检；靠近刀柄的刀背部分要加厚（图3-1-3），防止割伤拇指。检验刀、检验钩的规格尺寸见图3-1-4、图3-1-5。

接触过病羊胴体、内脏等的检验检疫器具，必须立即置于消毒液中浸泡消毒，另用备用检验检疫器具进行检验。每次工作结束后，须将检验

图3-1-1　检验检疫器具（检验刀、
　　　　　检验钩、磨刀棒）

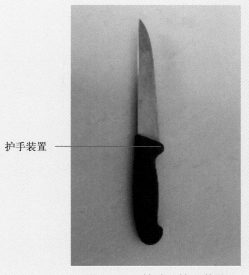

护手装置

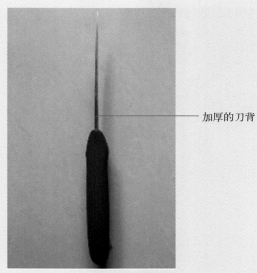

加厚的刀背

图3-1-2　检验刀护手装置　　　　　图3-1-3　检验刀背加厚

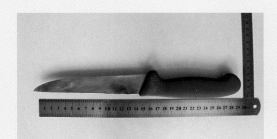

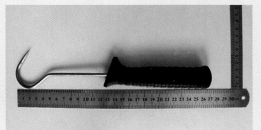

图3-1-4　检验刀规格尺寸　　　　　图3-1-5　检验钩规格尺寸

检疫器具彻底消毒、洗刷、擦干。在消毒剂中浸泡过的检验检疫器具，使用前须用清水冲去消毒剂，擦干后再用。

2.使用方法　宰后检验检疫使用器具时，通常采用左手持检验钩，右手握检验刀的方式。

(1)检验刀的使用方法　宰后检验检疫时，一般用右手握住检验刀柄，并用大拇指按住刀背以保持刀的稳定（图3-1-6），剖检时要用刀刃借平稳的滑动动作来切开被检验的组织器官。一般的运刀顺序是自上而下、先左后右。

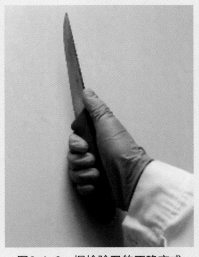

图3-1-6　握检验刀的正确方式

图3-1-7　检验钩的使用方法（左手持钩，钩住向左牵拉、固定软组织）

（2）检验钩的使用方法　检验钩通常由左手持握，使用时将钩尖插入相应部位的软组织内，左手向左或向右或向下用力拉紧检验钩固定被检软组织（图3-1-7）。

（二）宰后检验检疫方法

羊的宰后检验检疫以感官检查为主，必要时进行实验室检测。

1.感官检查　感官检查的方法主要有视检、触检、剖检和嗅检。①视检：肉眼观察胴体体表、肌肉、脂肪、胸腹膜、骨骼、关节、天然孔、淋巴结及内脏器官的色泽、大小、形态、组织状态等是否正常，有无充血、出血、水肿、脓肿、增生、结节、肿瘤等病理变化及寄生虫和其他异常（图3-1-8）。②触检：用手触摸或用检验刀背、检验钩触压实质器官及其他被检组织器官，判定其弹性、组织状态和深部有无结节、肿块等（图3-1-9）。③剖检：用检验刀剖开淋巴结、内脏、肌肉等组织，检查其内部或深层组织有无病理变化和寄生虫（图3-1-10、图3-1-11）。④嗅检：嗅闻组织器官或体腔有无异味。嗅检是上述检查方法的一种必要的辅助方法，对于不显特征变化的各种外来气味和病理性气味，可通过嗅觉判断出来。

图3-1-8　视检胴体体表

图3-1-9　触检肝脏

图3-1-10　剖检肝门淋巴结

图3-1-11　剖检脾脏

2.实验室检测　实验室检测的重点是疫病和违禁药物检测，一般应由省级动物卫生监督机构指定的具有资质的实验室承担，并出具检测报告。

二、宰后检验检疫技术要领及要求

羊的宰后检验检疫是在家畜病理解剖学的基础上实施的。但是，其又不同于一般的尸体剖检。首先，羊的宰后检验检疫是穿插在羊屠宰流水线上进行的，在快速运转的流水线上，要求检验检疫人员在几秒钟内对屠畜的健康状况做出准确的判定，因此，检验检疫人员必须熟悉羊的解剖学、家畜病理学、家畜传染病学、家畜寄生虫学等方面的知识。而且，为了保持商品的完整性，在检验检疫过程中，不允许对胴体、脏器任意切割。同时在检验检疫过程中，必须选择最能反应机体病理状态的器官和组织进行剖检，并严格地遵循一定的方式、方法和程序，养成习惯，以免漏检。

在羊的宰后检验检疫操作时，检验检疫人员除了熟悉并正确运用检验检疫方法外，还应遵循以下要求。

1.为了迅速准确地检查胴体和内脏，不致遗漏起见，必须遵循一定的程序和顺序。

2.剖检时要按照一定的操作顺序，一般为先上后下、先左后右，先重点后一般，先疫病后品质。

3.为了保证肉的卫生质量和商品价值，剖检只能在一定的部位切开，且要深浅适度，切忌乱划和拉锯式的切割，以免造成组织切口过多或破坏病变，尽量保持肉的整洁。

4.肌肉应顺纤维切开，非必要不得横断（图3-1-12），以免形成巨大的哆开性切口，招致细菌的侵入或蝇蛆的附着。

　　5.检查淋巴结时，应沿其长轴纵切，切开上2/3～3/4，将剖面打开进行视检（图3-1-13）。不能将淋巴结横断或切成两半。当发现不明显的病变时，应将淋巴结采下，按其长度切成薄片仔细观察。为防止碰伤手指，任何时候都应顺着与手指平行的方向切割在握的淋巴结。

图3-1-12　剖开肌肉时沿肌纤维方向切开

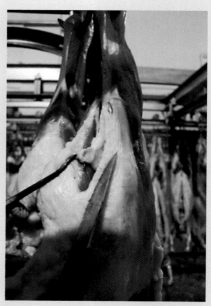

图3-1-13　剖检淋巴结方法：沿长轴纵切（纵切腘淋巴结）

图3-1-14　检查肝脏时，用检验钩钩住肝门附近的结缔组织以固定

　　6.检验肺脏、肝脏、肾脏时，检验钩应钩住这些器官"门部"附近的结缔组织，如肝门（图3-1-14）等，不能钩住器官的实质部分，否则会钩破内脏器官，破坏商品的完整性。

　　7.当切开脏器或组织的病损部位时，要采取一切措施，防止病变材料污染产品、地面、设备、器具和检验检疫人员的手。

　　8.在检验检疫中，检验检疫人员应做好个人防护工作(穿戴工作衣帽、围裙、胶靴及手套)。

三、同步检验检疫

为了便于检验检疫人员能对胴体和内脏做全面观察，进行综合分析，比较准确地对屠畜健康做出判定，尽量减少漏检和错判，按照《羊屠宰检疫规程》（农医发[2010]27号）、《牛羊屠宰产品品质检验规程》（GB 18393—2001）、《牛羊屠宰与分割车间设计规范》（GB/T 51225—2017）的规定，凡有条件的屠宰厂（场）尽可能采用同步检验的方式对宰后的羊逐头进行同步检验检疫（图3-1-15）。

图3-1-15　宰后同步检验检疫

同步检验检疫是将同一屠畜的离体内脏、头、蹄甚至皮张挂钩或装盘，与胴体在两条（或两条以上）平行轨道上同步运行，始终保持同时、等速、对照的集中检验检疫，若发现病畜或可疑病畜，将胴体和内脏打入病肉岔道，由专人进行对照检验、综合判定和处理。

同步检验检疫包括四个"同步"，①检验检疫与屠宰流程同步；②胴体与内脏、头蹄同步运行；③胴体与内脏、头蹄同步检验检疫；④胴体与内脏、头蹄同步处理。

四、宰后可疑病羊胴体及头蹄、内脏的处理方法与流程

在宰后每个检验检疫环节，一旦发现屠宰羊有病或可疑患传染病或其他危害严重的病变时，检验检疫人员应立即做好标记，并将其从主轨道上转入疑似病胴体轨道（图3-1-16），送入疑似病胴体间（图3-1-17），并将该羊的头、蹄、内脏一并送到疑病胴体间进行全面检查，避免造成屠宰线上的交叉污染。确诊为健康羊的胴体经回路轨道返回主轨道，继续加工；确诊为病羊的从轨道上卸下，与头、蹄、内脏一起放入密闭的运送车内，运到无害化处理间，按照《病死及病害动物无害化处理技术规范》（农医发[2017]25号）的规定进行无害化处理（详见第五章）。

主轨道

疑似病胴体轨道

图3-1-16   疑似病胴体轨道

疑似病胴体间

图3-1-17   疑似病胴体间

五、羊宰后检验检疫的编号

《羊屠宰检疫规程》（农医发[2010]27号）、《牛羊屠宰产品品质检验规程》（GB 18393—2001）规定，应与屠宰操作相对应，对同一只羊的头、蹄、内脏、胴体甚至皮张等统一编号进行对照检验检疫。

在屠宰流水线上设置了同步检验装置的屠宰厂(场)，摘除的红、白脏，头蹄与胴体同步运行、同步检验检疫，因此红脏、白脏和头蹄可以不用编号，为了与待宰圈编号对应，只在主轨道的胴体上挂编号牌即可（图3-1-18）。

图3-1-18   主轨道胴体上挂编号牌

无同步检验检疫装置的屠宰厂(场)，胴体和离体的头蹄及红脏、白脏必须统一编号，以便检验检疫人员发现病变时，及时查出该病畜的胴体及脏器并进行处理。常用的编号方法有贴纸号法、挂牌法和变色笔书写法。这些方法各有其优缺点。由于内脏与胴体分离检验检疫，内脏与胴体以及各部位检验检疫的状况不能相互对照，即使编了号，也会影响检验检疫人员对屠畜的综合判定。

（一）贴纸号法

用铅笔在纸上书写（或打印）号码标记，每个相同的号码写3～4个，分别贴于胴体、离体的头蹄及红脏、白脏上，以统一编号、标记。

1.头蹄编号　在去头、蹄后，将统一的编号纸贴于头、蹄处（图3-1-19）。

2.白脏、红脏编号　在开腔取白脏、红脏后，将统一的编号纸贴于白脏、红脏上（图3-1-20、图3-1-21）。

图3-1-19　头蹄编号（贴纸号）

图3-1-20　白脏编号（贴纸号）

图3-1-21　红脏编号（贴纸号）

3.胴体编号　剥皮、去头蹄后，剖腹前将统一的编号纸贴于胴体上（图3-1-22）。

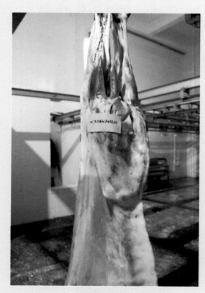

图3-1-22　胴体编号（贴纸号）

（二）挂牌法

在去头蹄、取"白内脏""红内脏"及剥皮后剖腹前，屠体分别挂统一的编号牌，进行标记，如图3-1-23至图3-1-26所示。

图3-1-23　头蹄挂牌编号

图3-1-24　红脏挂牌编号

图3-1-25　白脏挂牌编号

图3-1-26　胴体挂牌编号

宰后检验检疫如果发现疫病及异常，通过统一编号就可以找到同一屠体的所有器官（头、蹄、内脏、胴体等），以便按照规定集中进行无害化处理，不致遗漏、混淆。同时通过记录的羊来源信息及耳标溯源，可以找到疫病的疫源地，有助于当地兽医部门按有关规定进行防疫和处理。

第二节　宰后检验检疫的岗位设置、程序及技术要点

　　根据《羊屠宰检疫规程》（农医发[2010]27号）、《牛羊屠宰产品品质检验规程》（GB 18393—2001）、《牛羊屠宰与分割车间设计规范》（GB/T 51225—2017）的规定，羊宰后检验检疫包括头蹄部检查、内脏检查、胴体检查、复检、实验室检验。

　　羊宰后检验检疫主要检查《羊屠宰检疫规程》规定的8种疫病和《牛羊屠宰产品品质检验规程》规定的不合格肉品，以及有害腺体和病变组织、器官的摘除等。同时还要注意规程规定的检疫对象以外的疫病，以及中毒性疾病、应激性疾病和非法添加物等的检验检疫。

一、头蹄部检查

（一）头部检查

　　1.检查点的设置　　羊的头部检查设在割头工序之后。不同的羊屠宰厂（场），由于采用的屠宰设备及工艺流程不同，割头的位置也有差异。

　　设置了同步检验检疫装置的屠宰厂(场)，头部检查与胴体检查、红白脏检查同步对照进行，一般安排在开腔取出白脏、红脏之后。无同步检验装置的屠宰厂(场)，应在割羊头位置附近设置头部检验检疫位置，并配置检验台及清洗装置。

　　2.头部检查程序　　鼻镜检查→齿龈检查→口腔黏膜检查→舌及舌面检查→下颌淋巴结剖检（必要时）→眼结膜检查（必要时）→咽喉黏膜检查（必要时）。

　　3.头部整体检查

　　（1）岗位设置　　头部检查开始首先进行头部整体检查。

　　（2）羊头部主要解剖构造及名称　　羊头部外表主要包括面部、眼睛、颅部、耳、下颌、下唇、上唇、鼻和角（有的无）等，上唇中部两鼻孔间无毛而湿润部位，称为鼻镜（图3-2-1）。

　　羊头部腹面解剖构造如图3-2-2所示。

　　羊口腔由唇、颊、硬腭、软腭、口腔底、舌和齿组成（图1-1-27）。

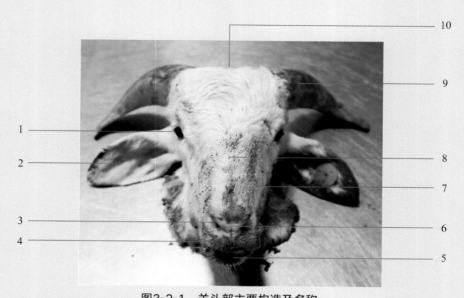

图3-2-1　羊头部主要构造及名称

1.眼睛　2.耳　3.鼻孔　4.上唇　5.下唇　6.鼻镜　7.下颌　8.面部　9.角　10.颅部

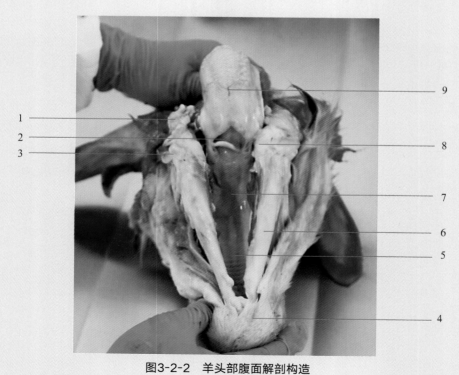

图3-2-2　羊头部腹面解剖构造

1.下颌腺　2.咽喉　3.下颌淋巴　4.下唇　5.硬腭　6.下颌骨　7.软腭　8.下颌角　9.舌

（3）检查方法　首先用检验钩固定羊头部，用检验刀轻触羊的鼻镜并视检（图3-2-3），注意有无水疱、溃疡、烂斑等病变。屠宰后羊口唇常呈闭合状态，可用检验刀拨开上、下唇，暴露齿龈检查（图3-2-4、图3-2-5）。然后用检验钩固定羊头部，用检验刀打开羊口腔，检查口腔黏膜、舌及舌面（图3-2-6、图3-2-7），注意有无水疱、溃疡、烂斑等。

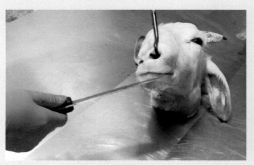

图3-2-3　检查羊鼻镜

图3-2-4　检查羊齿龈

图3-2-5　增生性鼻唇炎（鼻唇部皮肤和黏膜
　　　　　增生成结节状）
（陈怀涛，兽医病理学原色图谱）

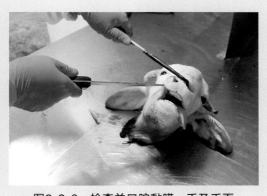

图3-2-6　检查羊口腔黏膜、舌及舌面

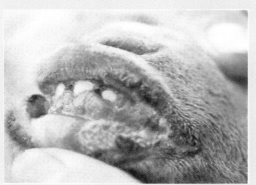

图3-2-7　坏死性口膜炎（山羊齿龈和下唇内侧
　　　　　黏膜的坏死与烂斑）
（陈怀涛，兽医病理学原色图谱）

　　羊头部一般只进行上述检查。必要时，可检查眼结膜（图3-2-8、图3-2-9）和咽喉黏膜，观察有无充血、出血、炎症等异常变化。

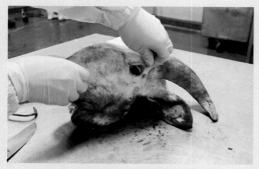

图3-2-8　检查羊眼结膜

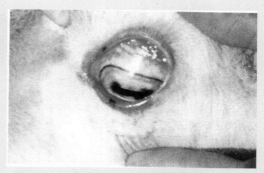

图3-2-9　角膜结膜炎（眼结膜充血、潮红）
（陈怀涛，兽医病理学原色图谱）

　　检查羊咽喉及黏膜时，为了充分暴露咽喉部，便于观察，可沿下颌间隙下刀，切开下颌部皮肤和软组织，剥离下颌骨间软组织。然后，在舌的两侧和软腭上各切一刀，从下颌间隙拉出舌尖，并沿下颌骨将舌根两侧切开，使舌根和咽喉部充分暴露，观察，见图3-2-2、图3-2-10和图3-2-11。

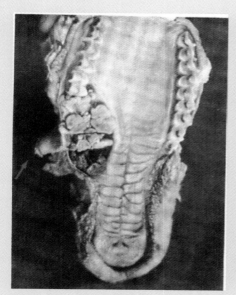

图3-2-10　羊上颌骨左侧有一明显的放
　　　　　线菌肿，齿槽被破坏，面部
　　　　　骨质突出（↑）
　　　　（陈怀涛,兽医病理学原色图谱）

图3-2-11　羊咽喉部组织高度水肿、充
　　　　　血与出血
　　　　（陈怀涛,兽医病理学原色图谱）

4.下颌淋巴结检查 《羊屠宰检疫规程》（农医发[2010]27号）规定："必要时剖开下颌淋巴结，检查形状、色泽及有无肿胀、淤血、出血、坏死灶等。"

（1）岗位设置 在头部整体检查之后，有必要时进行。

（2）羊下颌淋巴结的解剖学位置 羊的下颌淋巴结位于下颌骨角附近的下颌间隙内、下颌血管切迹后方、颌下腺的外侧。在检验台上对离体的羊头进行下颌淋巴结检查时，应注意其相对位置。

图3-2-12 羊下颌淋巴结解剖位置
1.左下颌淋巴结 2.气管 3.下唇 4.右下颌淋巴结

（3）检查方法 将离体的羊头置于检验台上，口唇部朝向检查者，用左手持的检验钩固定羊头部，按照图3-2-12的解剖位置找到左、右下颌淋巴结，分别用检验刀剖开，检查其形状、色泽及有无肿胀、淤血、出血、坏死灶等（图3-2-13至图3-2-16）。

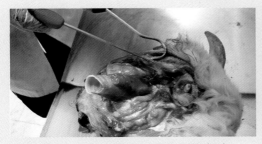

图3-2-13 剖检左下颌淋巴结（1）

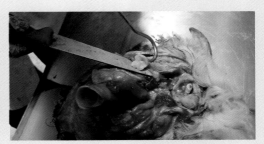

图3-2-14 剖检左下颌淋巴结（2）

图3-2-15　剖检右下颌淋巴结（1）　　　图3-2-16　剖检右下颌淋巴结（2）

5.摘除甲状腺　甲状腺属于有害腺体，食入羊的甲状腺后，可引起人的食物中毒，因此屠宰后要摘除甲状腺。《牛羊屠宰产品品质检验规程》（GB 18393—2001）在羊头部检查中也要求"正常的将附于气管两侧的甲状腺割除。"

（1）岗位设置　可在头部整体检查之后或在下颌淋巴结检查之后进行。

（2）羊甲状腺的解剖学位置　甲状腺位于喉的后方、前2～3个气管环的两侧面和腹面，分为左右两个侧叶和连接两个侧叶的腺峡。绵羊甲状腺的侧叶呈长椭圆形，山羊甲状腺的两侧叶不对称，两者的腺峡均较细（图3-2-17、图3-2-18）。

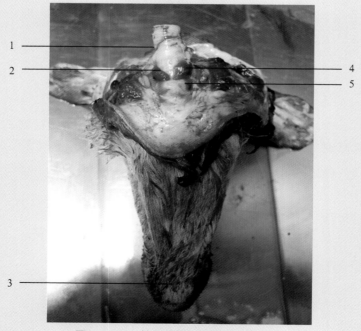

图3-2-17　羊甲状腺解剖学位置及形状
1.气管　2.甲状腺左侧叶　3.下唇　4.甲状腺右侧叶　5.喉头

（3）摘除方法　根据图3-2-17所示的羊甲状腺的解剖位置，找到甲状腺，用刀完整摘除，放到专用容器中集中处理。

供应少数民族产品的羊屠宰厂（场），一般采用大抹脖的方法放血，致使割头位置很浅，可能造成部分腺体留在气管上。因此，头部检查环节在摘除甲状腺时应注意观察甲状腺完整与否，如不完整，应在肺脏检查时将气管环上的甲状腺找到并摘除(图3-2-19)。

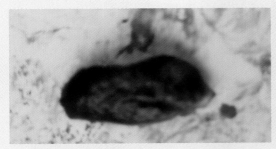

图3-2-18　羊甲状腺形状（侧叶呈长椭圆形）

图3-2-19　摘除羊甲状腺

（二）蹄部检查

1.检验点的设置　羊的蹄部检查在去前蹄、后蹄之后。一般与头部检查同时进行。

2.蹄部检验检疫程序　蹄冠检查→蹄叉检查。

3.羊蹄部主要解剖构造及名称　羊是偶蹄动物，每指（趾）端有4个蹄，直接与地面接触的两个称为主蹄，不与地面接触的两个为悬蹄，如图1-1-24所示。

4.检查方法　在检验台上，以检验钩固定羊蹄，用检验刀打开蹄叉，检查羊的蹄冠和蹄叉等部位皮肤（图3-2-20）。观察有无水疱、溃疡、烂斑、结痂等。也可以直接手持羊蹄检查（图3-2-21至图3-2-24）。

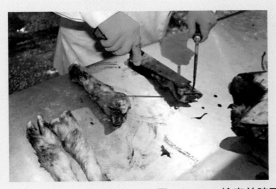

图3-2-20　检查羊蹄冠、蹄叉等部位皮肤

图3-2-21　手持检查羊蹄冠部位皮肤

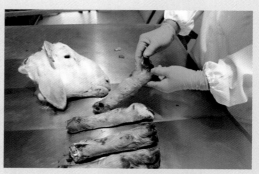

图3-2-22　手持检查羊蹄叉部位皮肤

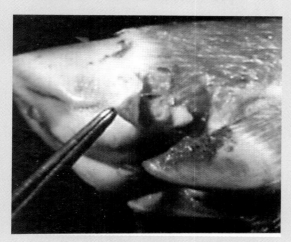

图3-2-23　蹄部水疱、溃烂，皮肤脱落
（丁伯良，羊的常见病诊断图谱及用药指南）

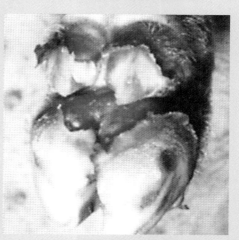

图3-2-24　蹄踵水疱、糜烂，皮肤脱落
（丁伯良，羊的常见病诊断图谱及用药指南）

图3-2-25　肺脏粘连（肺脏
与胸壁发生粘连）

二、内脏检查

取出内脏前，先观察胸腔、腹腔有无积液、粘连（图3-2-25）、纤维素性渗出物，注意胸腹腔中有无炎症、异常渗出液、肿瘤病变。然后检查心脏、肺脏、肝脏、肾脏、脾脏、胃肠，剖检支气管淋巴结、肝门淋巴结、肠系膜淋巴结等，观察有无病变和其他异常。

（一）检查点的设置

羊的内脏检查在屠体挑胸剖腹之后进行。不同的羊屠宰厂（场），由于采用的屠宰设备及工艺流程不同，内脏检查的位置也有差异。

设置了同步检验检疫装置的屠宰厂（场），内脏检查与胴体检查、头蹄部检查同步对照进行。无同步检验检疫装置的屠宰厂（场），应在屠体挑胸剖腹后的位置附近设置白脏和红脏检查点，并配置检验台及清洗装置。

（二）内脏检查程序

根据羊屠宰时内脏摘出的顺序，内脏检查程序一般为：视检腹腔→脾脏检查→肠系膜淋巴结（空肠淋巴结）剖检→胃肠检查→肺脏检查（→支气管淋巴结剖检）→心脏检查→肝脏检查（→肝门淋巴结剖检）。

（三）检查内容

1. 视检腹腔

（1）岗位设置　在剖腹后及摘取白内脏之前。

（2）解剖学位置及名称　羊腹腔器官主要包括胃、肠、肝脏、脾脏等。羊胃分瘤胃、网胃、瓣胃和皱胃。前端以贲门接食管，后端以幽门与十二指肠相通。肠起自幽门，止于肛门，分小肠和大肠。小肠前段起于幽门，后端止于盲肠，分为十二指肠、空肠、回肠。大肠又分盲肠、结肠和直肠（图3-2-26）。

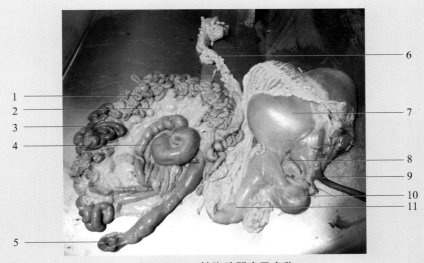

图3-2-26　羊腹腔器官及名称

1.空肠　2.肠系膜淋巴结　3.回肠　4.结肠　5.盲肠　6.直肠
7.瘤胃　8.网胃　9.食道　10.瓣胃　11.皱胃

（3）检查方法　打开腹腔后先进行全面观察，通过腹腔切口观察腹腔有无积液、粘连、纤维素性渗出物。视检胃肠的外形、肠系膜浆膜有无异常，有无创伤性胃炎（图3-2-27）。

图3-2-27　胃肠及腹腔浆膜视检

2.脾脏检查

（1）岗位设置　在剖腹取出白内脏之后进行。

（2）解剖学位置及名称　羊的脾脏位于腹前部，瘤胃左侧。略呈钝三角形，扁平；颜色为红紫色，质地较软（图3-2-28）。

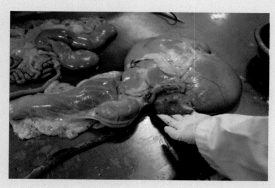

图3-2-28　脾脏解剖学位置及形状

（3）检查方法　在同步检验检疫盘中或将脾脏置于检验台上，用检验刀背刮拭脾脏表面，视检脾脏颜色、大小、形状（图3-2-29）；触检弹性（图3-2-30），观察有无淤血、出血、坏死。必要时剖检脾实质（图3-2-31）。

图3-2-29 刮拭、视检脾脏

图3-2-30 触检脾脏

图3-2-31 剖检脾脏，暴露脾髓

3.肠系膜淋巴结剖检　剖开肠系膜淋巴结，检查有无肿胀、淤血、出血、坏死、增生等。

（1）岗位设置　在剖腹取出白内脏之后进行。

（2）解剖学位置及名称　见图3-2-26。

（3）检查方法　在检验台上，将白内脏的肠系膜铺展开，找到空肠系膜上的成串或条索状的肠系膜淋巴结，右手持刀纵剖肠系膜淋巴结20cm以上（图3-2-32）。

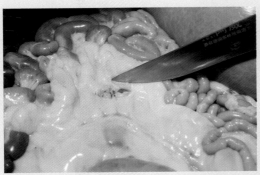

图3-2-32 剖检肠系膜淋巴结

4.胃肠检查

（1）岗位设置　在剖腹取出白内脏之后进行。

（2）解剖学位置及名称　见图3-2-26。

（3）检查方法　视检胃肠浆膜面及肠系膜的色泽（图3-2-33），观察有无淤血、

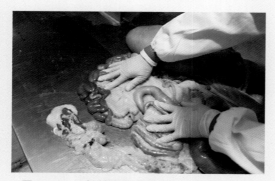

图3-2-33　视检胃肠浆膜面及肠系膜的色泽

出血、粘连、水肿等病变。剖开肠系膜淋巴结，检查有无肿胀、淤血、出血、坏死、增生等。必要时剖开胃、肠，清除胃、肠内容物，检查黏膜有无淤血、出血、胶样浸润、糜烂、溃疡、化脓、结节等变化和寄生虫，检查瘤胃肉柱表面有无水疱、糜烂或溃疡等病变，肠道内有无寄生虫（图3-2-34、图3-2-35）。检查肠系膜上有无细颈囊尾蚴。

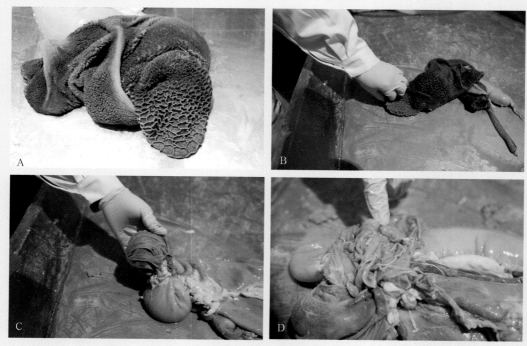

图3-2-34　胃的检查
A.瘤胃肉柱检查　B.网胃黏膜检查　C.瓣胃黏膜检查　D.皱胃黏膜检查

图3-2-35　小肠黏膜检查

5.肺脏检查

（1）岗位设置　可在摘除红内脏之后挂在同步轨道挂钩上或放到检验台上进行。

（2）解剖学位置　肺位于胸腔内纵隔的两侧，健康的肺为粉红色，呈海绵状，质软而轻，富有弹性（图3-2-36、图3-2-37）。

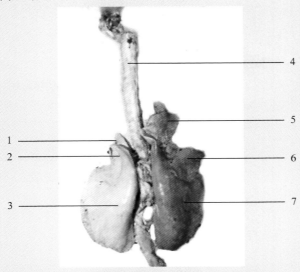

图3-2-36　羊肺脏解剖学构造及名称（膈面）

1.左肺尖叶　2.左肺心叶　3.左肺膈叶　4.气管　5.右肺尖叶　6.右肺心叶　7.右肺膈叶

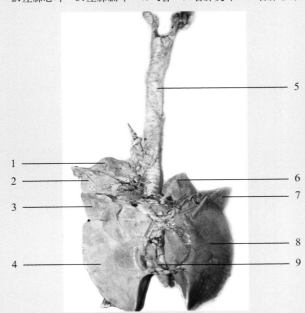

图3-2-37　羊肺脏解剖学构造及名称（脏面）

1.右肺尖叶　2.副叶　3.右肺心叶　4.右肺膈叶　5.气管　6.左肺尖叶　7.左肺心叶　8.左肺膈叶　9.纵隔淋巴结

（3）检查方法 视检两侧肺叶大小、色泽、形状；触检其弹性，注意有无淤血、出血、水肿、化脓、实变、粘连、包囊砂、寄生虫等（图3-2-38）。剖开一侧支气管淋巴结，检查切面有无淤血、出血、水肿等。必要时，剖检肺脏和气管（图3-2-39）。

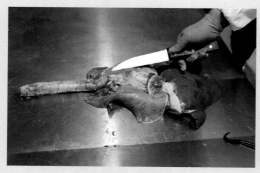

图3-2-38　触检肺脏

图3-2-39　剖检气管

6.部检支气管淋巴结

（1）岗位设置　在肺脏检查之后。

（2）解剖学位置及名称（图3-2-40）。

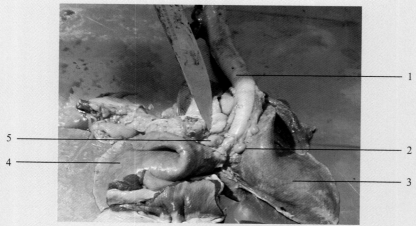

图3-2-40　支气管淋巴结解剖学位置
1.气管　2.右支气管淋巴结　3.右肺膈叶　4.左肺膈叶　5.左支气管淋巴结

（3）检查方法

①吊挂检查　检验检疫员左手持钩，钩住左肺尖叶与支气管之间的结缔组织向下拉开，暴露支气管，右手持刀，紧贴气管向下运刀，纵剖位于肺支气管分叉背面的左支气管淋巴结，充分暴露淋巴结剖面，观察（图3-2-41）。

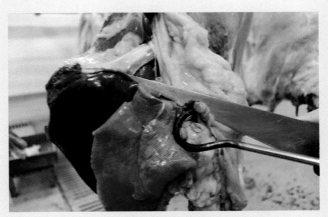

图3-2-41　剖检左支气管淋巴结（吊挂）

②检验台检查　左手持钩，钩住左肺支气管淋巴结附近的结缔组织，右手持刀，纵剖位于肺支气管分叉背面的左侧支气管淋巴结，剖面充分暴露进行观察（图3-2-42）。

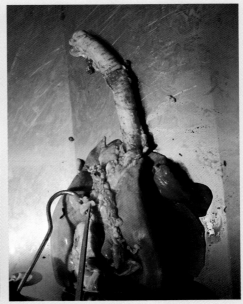

图3-2-42　剖检支气管淋巴结（检验台）

7.心脏检查

（1）岗位设置　在肺脏检查之后进行。

（2）解剖学位置及名称　心脏位于胸腔纵隔内，心脏外面包有由浆膜和纤维膜组成的心包，心脏呈左右稍扁的倒立圆锥形，前缘凸，后缘短而直，分左心房、左心室、右心房和右心室。心壁由心内膜、心肌膜和心外膜组成（图3-2-43、图3-2-44）。

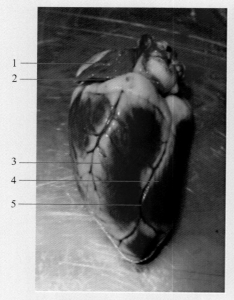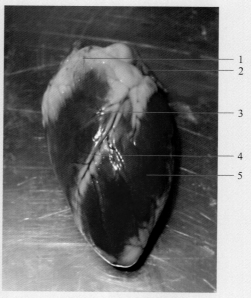

图3-2-43　羊心脏右侧面
1.左心耳　2.冠状沟　3.左心室
4.右心室　5.右纵沟（窦下室间沟）

图3-2-44　羊心脏左侧面
1.冠状沟　2.左心耳　3.右心室
4.左纵沟（锥旁室间沟）　5.左心室

（3）检查方法　在检验台上，以检验钩钩住心脏，翻动视检。视检心脏的形状、大小、色泽，注意有无淤血、出血等病变（图3-2-45）。必要时剖开心包，检查心包膜、心包液和心肌有无异常（图3-2-46）。

剖检心脏时，左手持钩固定心脏，于左纵沟平行的心脏后缘房室分界处右侧进刀剖开心脏，观察有无心内膜炎、心内膜出血、心肌炎、心肌脓肿、肉孢子虫寄生等。

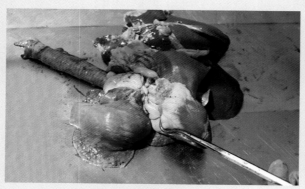

图3-2-45　视检心脏

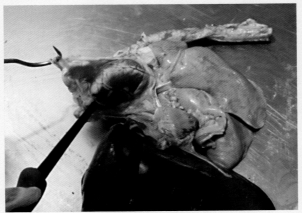

图3-2-46　剖检心脏

8.肝脏检查

（1）岗位设置　在心脏检查之后进行。

（2）解剖学位置　见图3-2-47。

图3-2-47　肝脏解剖构造及名称

1.肝左叶　2.肝尾状凸　3.肝右叶　4.胆囊

（3）检查方法　视检肝脏大小、色泽，触检弹性、硬度，观察有无肿大、淤血、坏死，脂肪变性，有无大小不一的突起（图3-2-48）。剖开肝门淋巴结，切开胆管，检查有无寄生虫等（图3-2-49）。必要时剖开肝实质（图3-2-50），检查有无肿大、出血、淤血、坏死灶、硬化、脓肿、萎缩等病变（图3-2-51）。注意检查有无肝片吸虫、棘球蚴等寄生虫（图3-2-52）。

剖检肝实质时，右手持刀纵切肝脏实质，沿肝脏中部切开，剖面充分暴露，检查有无异常。

图3-2-48　视检、触检肝脏

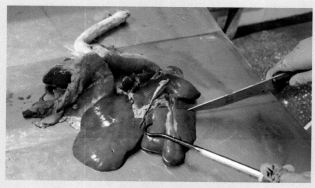

图3-2-49　切开胆管，检查有无寄生虫等

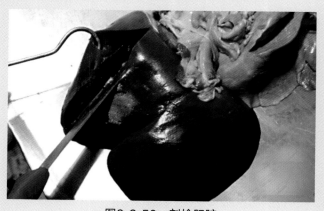

图3-2-50　剖检肝脏

　　肝脏的主要病变有肝淤血、脂肪变性、肝硬变、肝脓肿、肝坏死、寄生虫性病变、锯屑肝、槟榔肝等。当发现可疑肝癌、胆管癌和其他肿瘤时，应将该胴体推入病肉岔道进行处理。

图3-2-51　肝脏肿大，质软，表面见大小不等的土黄色变性灶，局部可见槟榔肝病变

图3-2-52　肝片吸虫幼虫在肝脏中移行形成的条索状病灶

　　9.肝门淋巴结检查

　　（1）岗位设置　在肝脏检查切开肝胆管检查之后进行。

　　（2）解剖学位置　见图3-2-53。

　　（3）检查方法　在检验台上，以检验钩钩住肝门部固定，找到肝门淋巴结，右手持检验刀纵切肝门淋巴结，检查淋巴结切面（图3-2-54）。

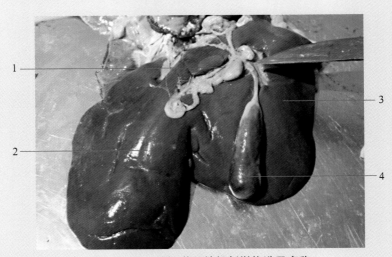

图3-2-53　肝门淋巴结解剖学构造及名称
1.肝门淋巴结　2.肝左叶　3.肝右叶　4.胆囊

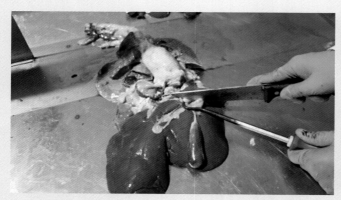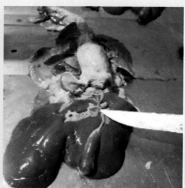

图3-2-54　剖检肝门淋巴结

10.肾脏检查

（1）岗位设置　羊的肾脏在内脏摘除时，不与内脏在一起，而是在胴体上。因此，肾脏检查岗位一般与胴体检查一起进行。

（2）解剖学位置及名称　羊肾是成对的实质性器官，左右各一，呈豆形（图3-2-55），羊的右肾位于最后肋骨至第二腰椎下，左肾在瘤胃背囊的后方，第四至第五腰椎下，腹主动脉和后腔静脉的两侧，因此倒挂时，左肾位置比右肾偏上。肾脏被脂肪囊包裹，肾脏表面有肾被膜。羊肾为平滑乳头肾，肾叶的皮质部和髓质部

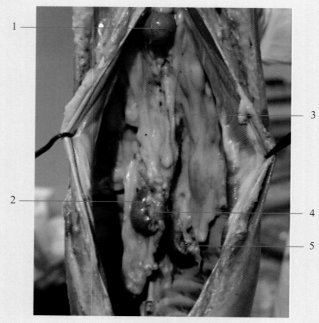

图3-2-55　肾脏解剖学位置及名称
1.膀胱　2.左侧肾脏　3.腹腔　4.肾上腺　5.右侧肾脏

完全融合，肾乳头连成嵴状。在肾门附近的脂肪中包裹有肾上腺。

（3）检查方法　剥离两侧肾被膜，视检大小、色泽、形状（图3-2-56），触检弹性、硬度，观察有无贫血、出血、淤血、肿瘤等病变（图3-2-57至图3-2-59）。必要时剖检肾脏（图3-2-60）。吊挂在胴体上检验时，左手持钩钩住肾脂肪囊中部，右手握刀，由上向下沿肾脂肪囊表面纵向将肾脂肪囊剥离，然后剖开肾被膜，将左手的检验钩拉紧沿顺时针向左上方转动，两手外展，将肾脏从肾被膜中完全剥离出来，观察肾脏表面有无异常。进一步用检验刀沿肾脏长轴剖开肾脏，暴露髓质部后进行检查。右肾检验方法与左肾相同。

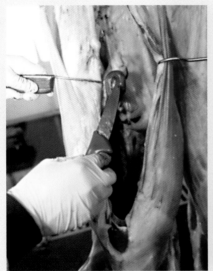 

图3-2-56　剥离肾被膜，检查肾脏

图3-2-57　肾被膜出血斑

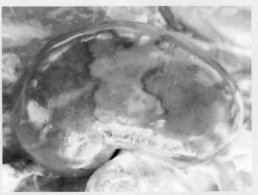

图3-2-58　肾梗死，肾表面可见形态不规则的梗死灶，梗死灶边缘可见红色炎性反应带

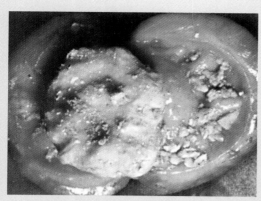

图3-2-59　肾盂结石（肾脏实质萎缩，肾盂扩
　　　　　张，扩张的肾盂内有一个表面凹凸
　　　　　不平的巨大结石，结石白色，质脆）
　（张旭静，动物病理学检验彩色图谱）

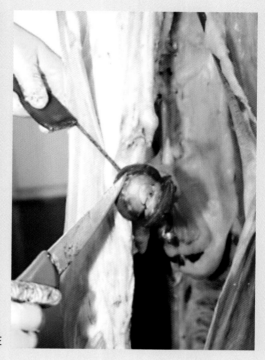

图3-2-60　剖检肾脏

三、胴体检查

（一）岗位设置
设在摘除内脏之后进行。

（二）检验内容
检查皮下组织、脂肪、肌肉、淋巴结以及腹腔浆膜有无淤血、出血、疹块、脓肿和其他异常等。

羊的胴体检查主要以视检为主。取出内脏后，冲洗胸腹腔，摘除两侧肾上腺（图3-2-61），在胴体修整时，摘除有病变的淋巴结。

图3-2-61　摘除肾上腺

（三）检查方法

1.整体检查　左手用检验钩，钩住胴体腹部组织加以固定，视检皮下组织、脂肪、肌肉、淋巴结以及胸腔、腹腔浆膜（图3-2-62、图3-2-63），注意有无淤血、出血、脓肿、肿瘤及其他异常（图3-2-64、图3-2-65）；观察胴体的放血程度，体表有无病变和带毛情况，有无寄生性病灶，胸腹腔内有无炎症和肿瘤病变。胸、腹腔视检（图3-2-66至图3-2-68）：检查腹腔有无腹膜炎、脂肪坏死和黄染；检查胸腔中有无胸膜炎和结节状增生物，观察颈部有无血污和其他污染等。

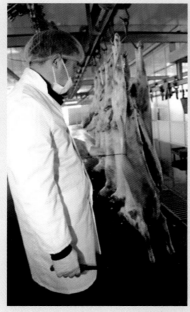

图3-2-62　整体检查（检查胴体腹侧）

图3-2-63　整体检查（检查胴体背侧）

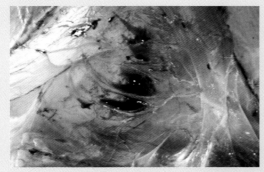

图3-2-64　肠系膜和肠浆膜淤血，静脉血管高度扩张，呈黑色条索状

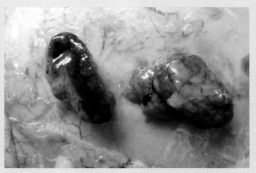

图3-2-65　出血性淋巴结炎（淋巴结肿大，切面呈黑红色）

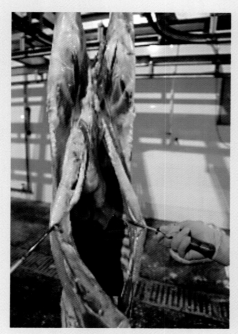

图3-2-66 腹腔视检

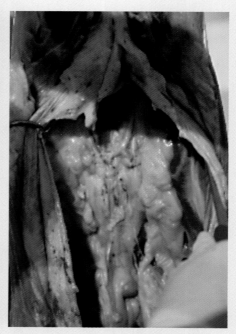

图3-2-67 胸腔视检

图3-2-68 胴体黄染

2.淋巴结检查 宰后同步检验检疫，羊胴体剖检的淋巴结主要是颈浅淋巴结（肩前淋巴结）和髂下淋巴结（股前淋巴结、膝上淋巴结）。必要时检查腹股沟深淋巴结。

（1）肩前淋巴结

1）岗位设置 羊的肩前淋巴结检查，在胴体整体检查之后进行。

2）解剖学位置 羊肩前淋巴结位于肩关节前的稍上方，臂头肌和肩胛横突肌的下面，一部分被斜方肌所覆盖。当胴体倒挂时，由于前肢骨架姿势改变，肩关节前的肌群被压缩，在肩关节前稍上方形成一个椭圆形的隆起，淋巴结就埋藏在其内（图3-2-69）。肩前淋巴结左右各一个。

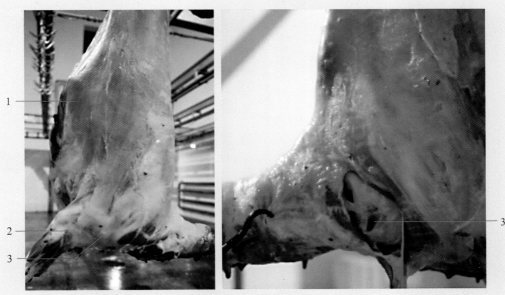

图3-2-69 肩前淋巴结位置
1.腹壁 2.前肢 3.肩前淋巴结

3）检查内容 检查肩前淋巴结的切面形状、色泽，注意有无肿胀、淤血、出血、坏死灶等病变。

4）检查方法 用检疫钩钩住前肢或颈部肌肉并向下侧方拉拽，右手持刀使刀尖稍向肩部，在隆起的最高处刺入并顺着肌纤维切开一条长5~10cm的切口（图3-2-70）。用检验钩把切口的一侧拉开，就可以看到被脂肪组织包着的肩前淋巴结（图3-2-71），纵向切开淋巴结（图3-2-72）。充分暴露切面，观察有无异常（图3-2-73）。

图3-2-70　左侧肩前淋巴结检查（1）

钩住颈部肌肉并向下侧方拉拽，右手持刀使刀尖稍向肩部，在隆起的最高处刺入并顺着肌纤维切开一条长5～10cm的切口

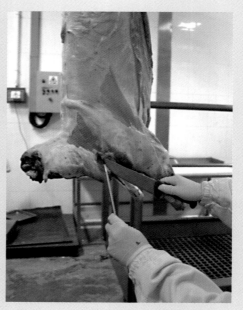

图3-2-71　左侧肩前淋巴结检查（2）

用检验钩把切口的一侧拉开，就可以看到被脂肪组织包着的颈浅淋巴结

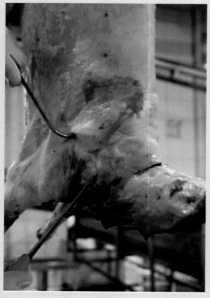

图3-2-72　右侧肩前淋巴结检查（1）

纵向切开淋巴结

图3-2-73　右侧肩前淋巴结检查（2）

纵向切开淋巴结

（2）髂下淋巴结

1）岗位设置　羊的髂下淋巴结检查，在胴体整体检查之后进行。

2）解剖学位置　羊髂下淋巴结位于膝褶中部、股阔筋膜张肌的前缘。当胴体倒挂时，由于腿部肌群向后牵直，将原来膝褶拉成一道斜沟，在此沟里可见一个长约12cm的棒状隆起，髂下淋巴结就埋藏在其下面（图3-2-74）。髂下淋巴结左右各一个。

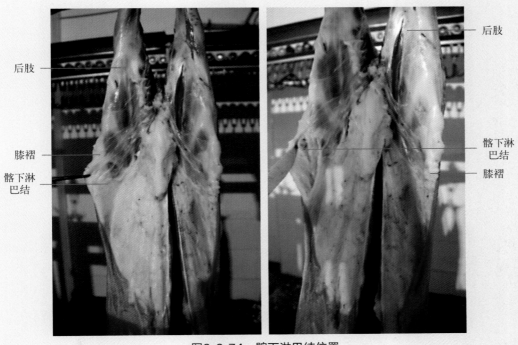

图3-2-74　髂下淋巴结位置

3）检查内容　剖开髂下淋巴结，检查切面形状、色泽、大小及有无肿胀、淤血、出血、坏死灶等病变。

4）检查方法　左手持钩，钩住膝褶斜沟的棒状隆起（图3-2-75），右手运刀在膝关节的前上方、阔筋膜张肌前缘膝褶内侧脂肪层剖开一侧髂下淋巴结（图3-2-76），充分暴露淋巴结切面，检查有无异常。两侧髂下淋巴检查方法相同（图3-2-77）。

图3-2-75　左侧髂下淋巴结剖检（1）
左手持钩，钩住膝褶斜沟的棒状隆起

图3-2-76　左侧髂下淋巴结剖检（2）
右手运刀在膝关节的前上方、阔筋膜张肌前缘
膝褶内侧脂肪层剖开一侧髂下淋巴结

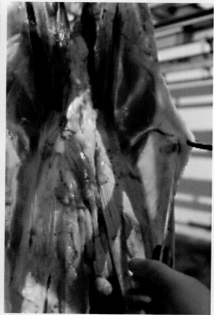

图3-2-77　右侧髂下淋巴结剖检

（3）腹股沟深淋巴结

1）岗位设置　羊的腹股沟深淋巴结检查（必要时），在胴体整体检查之后进行。

2）解剖学位置　羊腹股沟深淋巴结位于髂外动脉分出股深动脉的起始部上方，胴体倒挂时，位于骨盆腔横径线的稍下方，骨盆边缘侧方2～3cm处，有时候也稍向两侧上下移位（图3-2-78）。

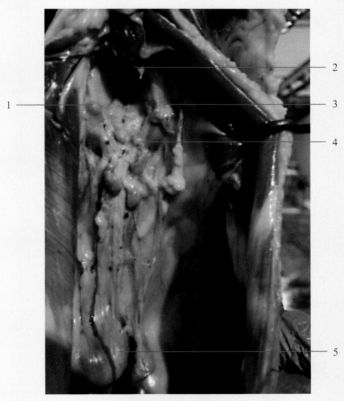

图3-2-78　羊腹股沟深淋巴结解剖位置
1.左侧腹股沟深淋巴结　2.骨盆腔
3.右侧腹股沟深淋巴结　4.髂内淋巴结　5.肾脏

3）检查内容　剖开腹股沟深淋巴结，检查切面形状、色泽、大小及有无肿胀、淤血、出血、坏死灶等病变（图3-2-79）。

4）检查方法　左手持钩，钩住一侧腹壁，右手运刀纵向剖开一侧腹股沟深淋巴结，充分暴露淋巴结切面，检查有无异常。两侧腹股沟深淋巴检查方法相同（图3-2-80）。

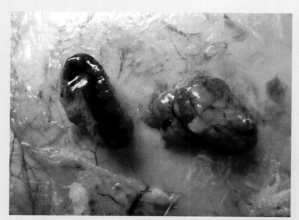

图3-2-79 出血性淋巴结炎（淋巴结肿大，切面呈黑红色）

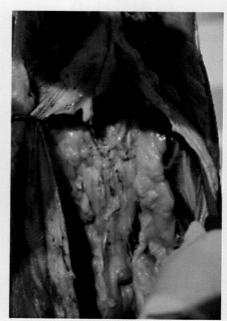

图3-2-80 右侧腹股沟深淋巴结检查

四、复检（复验）

（一）复检（复验）的内容及方法

结合胴体初检结果，进行全面复查。检查胴体形状、颜色、气味、清洁状况是否正常，检查体表、体腔是否有淤血、血污、脓污、胆汁、粪便、残留毛、皮，以及其他污物污染；检查腹部、乳头、放血刀口、残留的膈肌、暗伤、脓包、伤斑是否已修整。检查有无甲状腺和病变淋巴结漏摘（图3-2-81）。

图3-2-81 复检（复验）

（二）复检（复验）结果的处理

根据检验检疫结果，综合判定产品是否能食用，确定检出的各种病害羊肉及其他产品的生物安全处理方法。

第三节　宰后检验检疫的注意事项

一、技术要求

羊的宰后检验检疫要按规定的程序和方法进行，检验检疫时按操作术式在规定的应检部位剖开，严禁任意切割或拉锯式切割，以免造成裂开性切口。必须切割时，力求切口小、深浅适度，避免伤及周围组织。

剖开深层淋巴结、肌肉时，顺肌纤维方向切开，不得横断肌肉。

防止割破胃肠道、胆管、脓肿。

检验检疫工具被污染后，须及时消毒。

二、光照要求

宰后检验检疫需要在良好光线下进行，要求屠宰检验检疫作业场所的光照应均匀、柔和、充足，不宜太强或太弱，要求屠宰间照明方式宜采用一般照明和局部照明相结合的照明方式，屠宰间、分割间、副产品加工间检验检疫操作部位照明的照度不低于500lx。

三、同步检验检疫

在羊宰后检验检疫中，可将同一头羊的胴体与离体的头、内脏、皮张及其他必检组织器官编上统一号码，实施同步检验检疫，以便发现异常，对应处理。

有条件的企业应安装利于同步检验检疫的屠宰流水线（最少应有2条同步运转的轨道或传送带或吊盘等）。

四、疫情报告

宰后检验检疫若发现口蹄疫、痒病、小反刍兽疫、绵羊痘和山羊痘、炭疽，限制移动，按照规定，立即向当地兽医部门报告疫情，以便采取防制措施。

五、结果记录

屠宰检验检疫人员应做好宰后检验检疫结果及处理记录，做好生物安全处理（无害化处理）记录，准确地记录当天屠宰羊的头数、产地、货主以及宰后检验检疫结果和不合格肉的处理情况。所有记录应按规定妥善保存，以备统计和查考（图3-3-1）。

图3-3-1 记 录

第四章

实验室检验图解

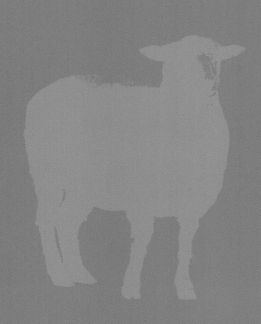

实验室检验是保障屠宰后肉品质量安全的重要环节，是继宰前、宰后检验检疫之后控制肉品质量的最后一道关口。实验室检验可与宰前、宰后检验检疫形成有效的补充，也是一些疫病确诊及肉品品质检验的必要手段。结合屠宰环节的实验室检验，可最大限度降低疫病、掺杂使假、微生物污染、兽药残留和重金属污染等有害因素对肉类质量安全的危害，保证出厂肉类的质量安全。目前规模以上的羊屠宰加工企业，特别是做羊分割产品的企业均建立了较为完善的实验室并配备了专业的检验人员，开展了常规的实验室检验工作（图4-0-1）。

羊屠宰加工企业的实验室主要的检验内容是感官性状检查、品质质量检查、残留物的理化学检查及微生物学指标等。对于一些危害严重疫病的实验室检查，往往需要在兽医部门指定的实验室进行。

《鲜、冻胴体羊肉》（GB/T 9961—2008）、《食品安全国家标准 鲜（冻）畜、禽产品》（GB 2707—2016）等规定了鲜、冻羊肉及其产品应具备的各项技术指标要求：①感官；②水分；③挥发性盐基氮；④理化指标，包括污染物，农、兽药残留；⑤非法添加物（"瘦肉精"等）；⑥微生物指标（菌落总数、大肠菌群及沙门氏菌、志贺氏菌、金黄色葡萄球菌、致泻性大肠埃希氏菌等致病菌）。

图4-0-1 羊屠宰厂检验实验室

第一节 实验室功能分区及要求

根据羊屠宰加工企业检验实验室的常规检验要求，实验室一般应设有药品保管室、样品保存室、样品前处理室、理化检验室、微生物学检验室、免疫学检验室、清洗室等。有些羊屠宰加工企业的检验实验室分区更加细致，还设立了仪器室、数据采集室等。各实验室分区的功能要求如下。

一、药品保管室

药品保管室（药品间）是专门用来存放化学试剂的地方，应设置在阴凉、通风、干燥的地方，并有防火、防盗设施，易挥发性药品的保存需要通风良好（图4-1-1）。

图4-1-1　药品保管室

二、样品保存室

贮存待检样品的场所，样品保存室应设立在整个实验室的入口处，并配备有冰箱、冰柜等。

三、样品前处理室

一些样品检验前往往要进行前处理，因此，样品前处理室（图4-1-2）需要有通风橱（图4-1-3）、工作台等，有独立的排风管道(外排连接)。

图4-1-2　样品前处理室

图4-1-3　样品前处理室（通风橱）

四、理化检验室

包括理化室和分析室。理化检验室（图4-1-4）主要用于对畜禽肉类进行感官指标、水分含量、挥发性盐基氮、农兽药的残留、重金属等检测。理化检验室应有通风橱，还应设有中央台、边台，独立于生活用水的上下水管道，利于废水收集处理；设有独立的排风管道(外排连接)。

五、微生物学检验室

微生物学检验室（图4-1-5）用于菌落总数、大肠菌群、食物中毒性病原微生物（沙门氏菌、志贺氏菌、金黄色葡萄球菌、致病性大肠埃希氏菌等）等微生物学指标的检测。应有进行无菌操作的超净工作台（图4-1-6）或生物安全柜，也应有中央台、边台。此外，微生物检验室应配备紫外线消毒灯等其他消毒灭菌装置，房间应具备良好的换气和通风条件。

图4-1-4　理化检验室

六、免疫学检验室

主要用于血清等样品的免疫血清学检测。实验室应有中央台、边台等基本设施。

七、清洗室

用于洗涤烧杯、移液管等试验用品的地方。一般应设洗涤池、烘干设备等（图4-1-7）。

图4-1-5　微生物学检验室

图4-1-6　微生物学检验室（超净工作台）

图4-1-7　清洗室

第二节　采样

一、采样前的准备

1.确定采样方案　采样前，根据检验目的、食品特点、批量、检验方法、微生物的危害程度等确定采样方案；并确定采样部位、采样量等。

2.采样人员要求　采样应由专人负责，采样人员应为专业技术人员或经过相应培训熟悉采样方案和采样方法的人员。

3.采样用品的准备　采样前，应准备好以下采样用物品：①空白采样记录单；②标签；③记号笔；③乳胶手套；④采样容器，如采样袋（瓶）等；⑤刀、剪、镊子等。

用于微生物学检验的采样用品应事先灭菌、消毒处理，保证无菌采样。

4.采样原则

（1）样品的采集应遵循随机性、代表性的原则。

（2）对微生物学检验的用品，采样过程应遵循无菌操作程序,防止一切可能的外来污染。

（3）采样中采样人员应注意个人的安全防护，防止被感染。

（4）采样的时效性。

（5）采样应进行详细的记录。

二、理化检验样品的采样

按照《肉与肉制品　取样方法》（GB／T 9695.19—2008）的规定进行。

1.鲜肉的取样　从3～5片胴体或同规格的分割肉上取若干小块混为一份样品（图4-2-1），每份样品500～1 500g（图4-2-2、图4-2-3）。

2.冻肉的取样

（1）成堆产品　在堆放空间的四角和中间设采样点，每点从上、中、下三层取若干小块混为一份样品，每份样品500～1 500g。

（2）包装冻肉　随机取3～5包混合，总量不得少于1 000g（图4-2-4）。

图4-2-1　胴体取样

图4-2-2　样品装入采样袋，标记　　　　图4-2-3　样品装入保温盒，带回实验室　　　　图4-2-4　冻肉采样

3.成品库的抽样　根据《鲜、冻胴体羊肉》（GB/T 9961—2008）的规定，从成品库中码放产品的不同部位，按表4-2-1规定的数量抽样。从全部抽样数量中抽取2kg作为检验样品，其余样本原封不动进行封存，保留3个月备查（图4-2-5）。

表4-2-1　抽样数量及判定规则

批量范围/（箱）	样本数量/（头）	合格判定数（Ac）	不合格判定数（Re）
<1 200	5	0	1
1 200～3 500	8	1	2
>3 500	13	2	3

图4-2-5　成品库采样

三、微生物学检验样品的采集

按照《食品安全国家标准 食品微生物学检验 总则》（GB 4789.1—2016）和《肉与肉制品 取样方法》（GB/T 9695.19—2008）的规定进行样品采集。

（一）采样方案

采样方案分为二级和三级采样方案。二级采样方案设有 n、c 和 m 值，三级采样方案设有 n、c、m 和 M 值。n：同一批次产品应采集的样品件数；c：最大可允许超出 m 值的样品数；m：微生物指标可接受水平限量值(三级采样方案)或最高安全限量值(二级采样方案)；M：微生物指标的最高安全限量值。

注：①按照二级采样方案设定的指标，在 n 个样品中，允许有 $\leqslant c$ 个样品中相应微生物指标检验值大于 m 值；②按照三级采样方案设定的指标，在 n 个样品中，允许全部样品中相应微生物指标检验值小于或等于 m 值；允许有 $\leqslant c$ 个样品中相应微生物指标检验值在 m 值和 M 值之间；不允许有样品相应微生物指标检验值大于 M 值。

（二）采样方案选取原则

要检验的微生物对人的危害程度为中等或严重危害的情况下使用二级采样方案，如金黄色葡萄球菌检测。对健康危害低（一般）的，则建议使用三级采样方案，如大肠菌群检测。

（三）采样方法

可在开腔后，用无菌刀取两腿内侧肌肉各50g，也可在劈半后取两侧背最长肌各50g用作检样。样品采取后应放于灭菌容器内，立即送检，最好不超过3h；送检时应注意冷藏，防止微生物繁殖。

四、"瘦肉精"检测样品的采集

1.样本量的确定　在屠宰线上，根据屠宰厂（场）的规模，按照屠宰数量采样，采集的样品不能经过任何洗涤或处理。尿样抽样数见表4-2-2。

表4-2-2　羊尿样抽样数

动物数量（样本数）	抽样个数	动物数量（样本数）	抽样个数
<50	1	50～500	3
501～1 000	7	1 001～5 000	10
5 001～10 000	12	>10 000	15

同一批次来自多个养殖场（户）时，抽检样品应涵盖每个场（户），且每个场（户）抽样数量不能少于1头。

动物组织：根据屠宰动物数计量算抽样个数。动物组织抽样数见表4-2-3。

表4-2-3　羊组织检样抽样数

动物数量（样本数）	抽样个数	动物数量（样本数）	抽样个数
<100	5	101～500	8
501～2 000	10	>2 000	15

2.采样方法

（1）尿样　①待宰羊用一次性杯子接取尿液约100mL（图4-2-6），分别装入样品瓶中，标记，封装；②屠宰后，用注射器在开腔后抽取膀胱尿液约100mL，分别装入样品瓶中，标记，封装。

（2）肉样　待取和已取样品不经过任何处理。带一次性手套，用不锈钢手术剪或手术刀割取样品。将取好的样品用清洁干燥的密实袋封装、标识、速冻。

图4-2-6　待宰羊接取尿液

第三节　感官检查和理化检验

感官检查就是借助检查者的感觉器官对被检肉样品进行的检查。感官检查的项目主要有色泽、黏度、弹性、气味、肉汤等指标。感官检查虽然简便，有时也相当灵敏准确，但是这种方法有一定的局限性。因此，在许多情况下，除了进行感官检查以外，尚需进行实验室检验。

在羊屠宰加工企业对屠宰及分割肉产品的新鲜度检查，一般都采用感官检查和实验室检验结合的方法进行综合判定，才能得出较为正确的结果。

一、感官检查

鲜、冻羊肉的感官检验及质量评定参照《食品安全国家标准　鲜（冻）畜、禽产品》(GB 2707—2016) 和《鲜、冻胴体羊肉》(GB/T 9961—2008) 的规定进行。

将待检羊肉样品置于洁净的白色瓷盘中,在自然光线良好的环境进行感官检查。
冻羊肉需解冻后再进行感官检验。

1.外观检查　观察羊肉样品的表面是否整洁、完好;是否有较大面积的病变、
坏死、淤血、异物(碎骨、浮毛)等异常现象。

2.色泽检查　观察羊肉样品的表面和新切面的色泽。正常的鲜羊肉色泽呈浅红、
鲜红或深红色,有光泽;脂肪呈乳白色、淡黄色或黄色;冷却羊肉肌肉红色均匀,
脂肪呈乳白色、淡黄色或黄色;解冻后羊肉肌肉有光泽,颜色鲜艳,脂肪呈乳白色、
淡黄色或黄色(图4-3-1)。

3.气味检查　嗅闻羊肉样品的气味(图4-3-2)。应具有新鲜羊肉固有的气味,
无异味。

4.检查弹性(组织状态)　用手按压肌肉组织,检查样品的弹性(图4-3-3)。
鲜羊肉肌纤维致密,富有弹性,指压后的凹陷可恢复;冷却羊肉的肌纤维致密,坚
实,有弹性,指压后立即恢复。

5.黏度检查　触摸肉样表面和新切面的干湿度及黏度(图4-3-4)。新鲜羊肉和
冷却肉样的外表微干或有风干膜,切面湿润不粘手;解冻后的羊肉表面微湿润,不
粘手。

6.肉汤　称取切碎的肉样20g,置于200mL烧杯中,加水100mL,烧杯上加盖
(表面皿或平皿),加热至50~60℃,开盖检查气味(图4-3-5、图4-3-6)。煮沸后
观察肉汤性状及肉汤表面脂肪滴凝聚情况(图4-3-7);品尝煮沸冷却后肉汤的滋
味,以判断肉样的新鲜度(图4-3-8)。

鲜羊肉及冷却羊肉煮沸后肉汤澄清透明,脂肪滴团聚于液面,具有羊肉特有的
香味。羊肉不新鲜,脂肪滴发散。

图4-3-1　视检样品的色泽和外观

图4-3-2　嗅检样品的气味

图4-3-3　按压触检样品的弹性

图4-3-4　检查样品的黏度

图4-3-5　切碎样品加热至50～60℃

图4-3-6　加热后检查气味

图4-3-7　煮沸后肉汤澄清透明、脂肪团聚于
　　　　　表面

图4-3-8　品尝煮沸冷却后肉汤的滋味

二、理化检验

（一）挥发性盐基氮测定

挥发性盐基氮（简称TVBN）是指肉样水浸液在碱性条件下能与水蒸气一起蒸馏出来的总氮量。肉中挥发性盐基氮的含量与肉的腐败程度有明显的对应关系，因此，测定挥发性盐基氮是衡量肉品新鲜度的重要指标之一。

1.原理　挥发性盐基氮是由于酶和细菌的作用，肉在腐败过程中，使蛋白质分解而产生氨以及胺类等碱性含氮物质。挥发性盐基氮具有挥发性，在碱性溶液中蒸馏出，利用硼酸溶液吸收后，用标准酸溶液滴定计算挥发性盐基氮含量。

2.测定方法

（1）测定程序　《食品安全国家标准　食品中挥发性盐基氮的测定》（GB 5009.228—2016）中规定的测定方法有半微量定氮法、自动凯氏定氮仪法、微量扩散法等。在实际中，半微量定氮法应用较多。半微量定氮法的测定程序见图4-3-9。

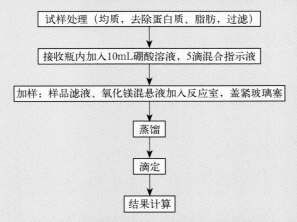

图4-3-9　半微量定氮法测定挥发性盐基氮的程序

（2）测定步骤　测定步骤和方法如图4-3-10至图4-3-20所示。

图4-3-10　试样处理（鲜肉去皮、脂肪、筋腱，取瘦肉部分）

图4-3-11　试样处理（绞碎搅匀）

图4-3-12 试样处理（精确称取搅碎肉样20g，置于锥形瓶中，准确加入100.0mL水，不时振摇，混匀，浸渍30min）

图4-3-13 试样处理（浸渍30min后过滤肉浸液）

图4-3-14 接收锥形瓶中加入10mL硼酸溶液，5滴混合指示液

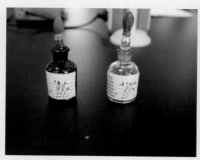

图4-3-15 混合指示液（2份甲基红乙醇溶液与1份亚甲基蓝乙醇溶液临用时混合）

图4-3-16 硼酸吸收液加混合指示剂后呈蓝紫色

图4-3-17　蒸馏（将冷凝管下端插入接收瓶液面下，准确吸取10.0mL滤液,由小玻璃杯注入反应室，以10mL水洗涤小玻璃杯并使之流入反应室内，随后塞紧棒状玻璃塞。再向反应室内注入5mL氧化镁混悬液,立即将玻璃塞盖紧，并加水于小玻璃杯以防漏气）

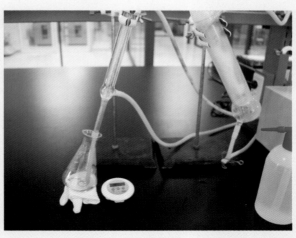

图4-3-18　蒸馏（夹紧螺旋夹，开始蒸馏，蒸馏5min）

图4-3-19　蒸馏（蒸馏5min后移动蒸馏液接收瓶，液面离开冷凝管下端，再蒸馏1min。然后用少量水冲洗冷凝管下端外部，取下蒸馏液接收瓶）

图4-3-20　在微量滴定管上以盐酸标准液滴定至终点（蓝紫色），同时做试剂空白对照

（3）结果计算　试样中挥发性盐基氮的含量按下式计算：

$$X=\frac{(V_1-V_2) \times c \times 14}{m \times (V / V_0)} \times 100$$

式中：

X——试样中挥发性盐基氮的含量，单位为毫克每百克(mg/100g)或毫克每百毫升(mg/100mL)；

V_1——试液消耗盐酸或硫酸标准滴定溶液的体积，单位为毫升(mL)；

V_2——试剂空白消耗盐酸或硫酸标准滴定溶液的体积，单位为毫升(mL)；

c——盐酸或硫酸标准滴定溶液的浓度，单位为摩尔每升(mol /L)；

14——滴定1.0mL盐酸[$c(HCl)$=1.000mol/L]或硫酸[$c(1/2H_2SO_4)$=1.000mol/L]标准滴定溶液相当的氮的质量，单位为克每摩尔(g/mol)；

m——试样质量，单位为克(g)，或试样体积，单位为(mL)；

V——准确吸取的滤液体积，单位为毫升(mL)，本方法中 V=10；

V_0——体积，单位为毫升(mL)，本方法中 V_0=100；

100——计算结果换算为毫克每百克(mg/100g)或毫克每百毫升(mg/100mL)的换算系数。

（4）注意事项

①装置使用前应做清洗和密封性检查。

②混合指示剂必须在临用时混合，随用随配。

③蒸馏反应过程中，冷凝管下端必须没入接收液面下，否则可能造成测定结果误差。

④实验结果以重复性条件下获得的两次独立测定结果的算术平均值表示，绝对差值不得超过算术平均值的10%。

3.羊肉挥发性盐基氮的限量值　《食品安全国家标准　鲜（冻）畜、禽产品 》(GB 2707—2016)规定，每100g羊肉中挥发性盐基氮≤15mg。

（二）有害金属残留的测定（汞的测定）

《食品安全国家标准　食品中污染物限量》（GB 2762—2017）规定肉类铅的限量0.2mg/kg，畜禽内脏为0.5mg/kg；肉类（除畜禽内脏外）镉的限量为0.1mg/kg，畜禽肝脏0.5mg/kg，畜禽肾脏为1.0mg/kg；肉类总汞限量为0.05mg/kg；肉类总砷0.5mg/kg。分别按照相应的国家标准规定的方法进行测定，以汞的测定为例说明。

《食品安全国家标准　食品中总汞及有机汞的测定》（GB/T 5009.17—2014）规

定总汞的测定方法包括原子荧光光谱分析法、冷原子吸收光谱法，甲基汞的测定用液相色谱–原子荧光光谱联用方法。以冷原子吸收光谱法为例进行说明。当样品称样量为0.5g，定容体积为25mL时，方法检出限为0.002mg/kg，方法定量限为0.007mg/kg。

1.原理　汞蒸气对波长253.7nm的共振线具有强烈的吸收作用。试样经过酸消解或催化酸消解使汞转为离子状态，在强酸性介质中以氯化亚锡还原成元素汞，载气将元素汞吹入汞测定仪，进行冷原子吸收测定，在一定浓度范围其吸收值与汞含量成正比，外标法定量。

2.测定方法

（1）测定程序　检验程序如图4-3-21所示。

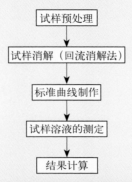

图4-3-21　冷原子吸收法测定总汞的程序

（2）测定步骤　测定步骤如图4-3-22至图4-3-30所示。

①试样消解。

②标准曲线的制作　求得吸光度值与汞质量关系的一元线性回归方程。

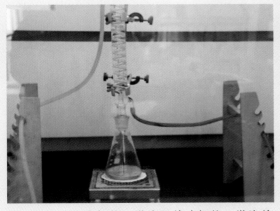

图4-3-22　小火加热，发泡即停止加热，发泡停止后加热回流2h

图4-3-23　加热中溶液变棕色，加5mL硝酸，继续回流2h

图4-3-24 消解到呈淡黄色或无色,放冷,继续加热回流10min,放冷

图4-3-25 将消化液过滤于100mL容量瓶内,定容,混匀

图4-3-26 配制好的汞标准使用液

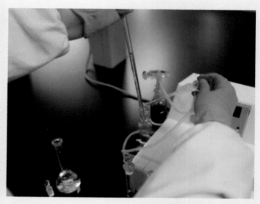

图4-3-27 加5.0mL汞标准溶液置于测汞仪的汞蒸气发生器中

图4-3-28 沿壁迅速加入3.0mL氯化亚锡

图4-3-29 从仪器读数显示的最高点测得其吸收值

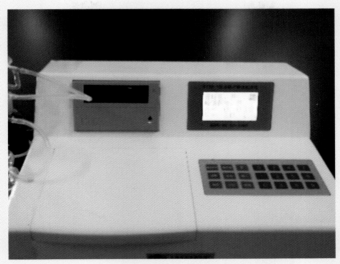

图4-3-30　打开三通阀将产生的剩余汞蒸气吸
收于高锰酸钾溶液中

③试样溶液的测定　按照上述步骤进行操作。

④结果计算　试样中汞含量按以下公式计算

$$X= \frac{(m_1-m_2) \times V_1 \times 1\,000}{m_1 \times V_2 \times 1\,000 \times 1\,000}$$

式中：

X ——试样中汞的含量，单位为毫克每千克或毫克每升（mg/kg或mg/L）；

m_1——测定样液中汞质量，单位为纳克（ng）；

m_2——空白液中汞质量，单位为纳克（ng）；

V_1 ——试样消化液定容总体积，单位为毫升（mL）；

1 000——换算系数；

V_2 ——测定样液液体积，单位为毫升（mL）。

计算结果保留两位有效数字。

（3）注意事项

①在采样和制备过程中，应注意不使试样污染。新鲜肉类样品，匀浆装入洁净聚乙烯瓶中密封，4℃冰箱冷藏备用。

②样品消解和试样测定应同时做空白对照。

③在重复性条件下获得的两次独立测定结果的绝对差值不得超过算术平均值的20%。

第四节　菌落总数和大肠菌群的测定

按照《食品安全国家标准　食品微生物学检验　菌落总数测定》（GB 4789.2—2016）和《食品安全国家标准　食品微生物学检验　大肠菌群计数》（GB 4789.3—2016）规定的方法进行。

一、菌落总数的测定

菌落总数是指食品检样经过处理，在一定条件下培养后（如培养基、培养温度和培养时间等），所得每克（毫升）检样中形成的微生物菌落总数。菌落总数主要作为判定食品被细菌污染程度的标志。

（一）测定程序

测定程序如图4-4-1所示。

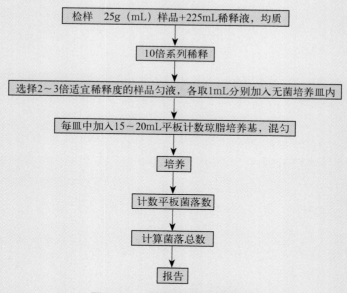

图4-4-1　菌落总数的测定程序

（二）测定步骤

1.样品处理与稀释　见图4-4-2、图4-4-3。

2.培养　见图4-4-5、图4-4-6。

3.菌落计数　记录稀释倍数和相应的菌落数量，以菌落形成单位（CFU）表示（图4-4-7、图4-4-8）。

图4-4-2 无菌称取绞碎（均质）样品25g，置于盛有225mL磷酸盐缓冲液或生理盐水的无菌锥形瓶（瓶内预置适当数量的无菌玻璃珠)中

图4-4-3 置于振荡器上振摇、混匀

图4-4-4 依次制备10倍系列稀释样品匀液

图4-4-5 选择适宜稀释度的样品匀液，分别吸取1mL加于无菌平皿内，每个稀释度做2个平皿。同时做空白对照

图4-4-6 将冷却至46℃的培养基倾注平皿，转动平皿混合均匀。凝固后，翻转平皿，放温箱培养

图4-4-7　计数平皿的菌落数

图4-4-8　借助菌落计数仪计数菌落

4.结果与报告　根据GB 4789.2—2016中的规定，选择菌落总数的计算方法，计算样品的菌落总数，报告结果。

二、大肠菌群的测定

大肠菌群指在一定培养条件下能发酵乳糖、产酸产气的需氧和兼性厌氧革兰氏阴性无芽孢杆菌。食品中检出大肠菌群的细菌，表明该食品有粪便污染。GB 4789.3—2016中规定的大肠菌群计数方法有MPN法和平板计数法两种方法，可根据检测的需要选择采用，一般MPN法较普遍。

（一）测定程序

大肠菌群MPN检测如图4-4-9所示。

（二）测定步骤

1.样品处理与稀释　与菌落总数测定方法相同。

2.初发酵试验　选择3个连续稀释度的样品匀液，分别接种3管LST肉汤，每管接种1mL（图4-4-10、图4-4-11）；培养24h后，产气者进行复发酵试验，如未产气则培养至48±2h，产气者进行复发酵试验；未产气者为大肠菌群阴性。

3.复发酵试验　初发酵阳性管，移种于煌绿乳糖胆盐肉汤（BGLB）（图4-4-12），培养48h后产气者，计为大肠菌群阳性管；未产气者为大肠菌群阴性（图4-4-13）。

4.结果报告　按确证的大肠菌群BGLB阳性管数，检索MPN表（GB 4789.3—2016），报告每克样品中大肠菌群的MPN值。

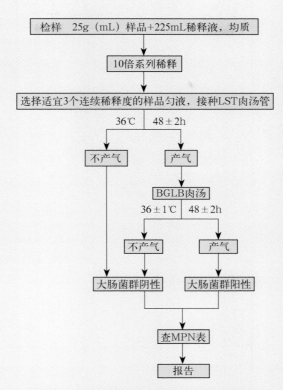

图4-4-9　大肠菌群MPN计数法检验程序

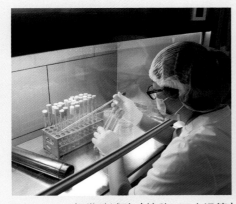

图4-4-10　初发酵试验（接种LST肉汤管）

图4-4-11　初发酵试验
1.未产气管　2.产气管

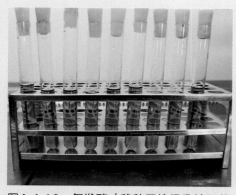

图4-4-12 复发酵（移种于煌绿乳糖胆盐肉汤）

图4-4-13 复发酵观察结果（倒管有气泡为阳性）

第五节　水分含量检验

《食品安全国家标准 食品中水分的测定》（GB 5009.3—2016）规定了水分测定的直接干燥法、蒸馏法等。《畜禽肉水分限量》（GB 18394—2001）规定，羊肉的水分含量应不应大于78%。

一、直接干燥法

1.原理　利用食品中水分的物理性质，在101.3 kPa（一个大气压），温度101～105℃下采用挥发方法测定样品中干燥减失的重量，包括吸湿水、部分结晶水和该条件下能挥发的物质，再通过干燥前后的称量数值计算出水分的含量。

2.测定方法

（1）测定程序　测定程序如图4-5-1所示。

試样处理

↓

称量瓶恒重

↓

试样称重

↓

试样干燥至恒重

↓

结果计算

图4-5-1 直接干燥法测定肉中水分的程序

（2）测定步骤

①试样处理　剔除肉样中脂肪、筋、腱等组织（冻肉自然解冻），尽可能剪碎，颗粒试样要求小于2mm，密闭容器保存待检（图4-5-2、图4-5-3）。

 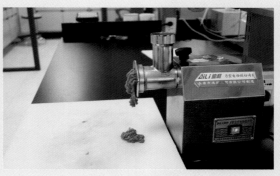

图4-5-2　试样处理（1）　　　　　　　图4-5-3　试样处理（2）

②称量瓶恒重、称重　见图4-5-4、图4-5-5。

图4-5-4　称量瓶放干燥器内恒重　　　　图4-5-5　称量瓶恒重后称重

③试样称重　试样厚度不超过5mm，如为疏松试样，厚度不超过10mm（图4-5-6）。

图4-5-6　试样称重并编号记录

④试样干燥　试样置于干燥箱105℃加热2～4h后取出，再干燥器内冷却0.5h（图4-5-7）。

图4-5-7　置于干燥箱105℃加热2～4h后取出，再干燥器内冷却0.5h

⑤称重　试样干燥至恒重（图4-5-8），称重并记录结果。

图4-5-8　干燥的试样

（3）计算公式

$$X = \frac{m_1 - m_2}{m_1 - m_3} \times 100$$

式中：

X ——试样中水分的含量，单位为克每百克（g/100g）；

m_1 ——称量瓶(加海砂、玻棒)和试样的质量，单位为克（g）；

m_2 ——称量瓶(加海砂、玻棒)和试样干燥后的质量，单位为克（g）；

m_3 ——称量瓶(加海砂、玻棒)的质量，单位为克（g）。

水分含量≥1g/100g时，计算结果保留三位有效数字；水分含量＜1g/100g时，结果保留两位有效数字。

冻肉的水分含量计算公式

$$X（\%）=\frac{(m_1-m_2)+m_2\times c}{m_2}\times 100$$

式中：

X ——冻肉的水分含量；

m_1 ——解冻前样品质量，单位为克（g）；

m_2 ——解冻后样品质量，单位为克（g）；

c ——解冻后样品的水分含量。

（4）注意事项

①两次恒重值在最后计算中，取质量较小的一次称量值。

②水分含量计算结果保留三位有效数字；重复性条件下获得的两次独立测定结果的绝对差值不得超过算术平均值的10%。

二、蒸馏法

1.原理 利用食品中水分的物理化学性质，使用水分测定器将食品中的水分与甲苯或二甲苯共同蒸出，根据接收水的体积计算出试样中水分的含量。

2.测定方法

（1）测定程序 测定程序如图4-5-9所示。

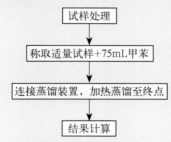

图4-5-9 蒸馏法测定肉中水分的程序

（2）测定步骤

①试样处理 同直接干燥法中的试样处理。

②称量试样 准确称取适量试样（应使最终蒸出的水在2~5mL，但最多取样量不得超过蒸馏瓶的2/3），放入250mL蒸馏瓶中，加入新蒸馏的甲苯（或二甲苯）75mL（图4-5-10）。

图 4-5-10　称取适量试样，加入75 mL甲苯

③蒸馏　连接冷凝管与水分接收管，从冷凝管顶端注入甲苯，装满水分接收管。同时做甲苯（或二甲苯）的试剂空白，加热慢慢蒸馏。接收管水平面保持10min不变为蒸馏终点，读取接收管水层的容积（图4-5-11）。

（3）结果计算

试样中水分的含量，按以下公式计算：

$$X = \frac{V - V_0}{m} \times 100$$

式中：

X——试样中水分的含量，单位为毫升每百克（mL/100g）（或按水在20℃的相对密度0.998，20g/mL计算质量）；

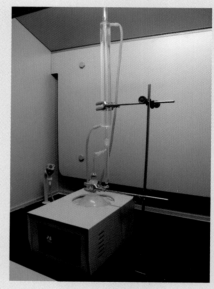

图 4-5-11　蒸馏

V——接收管内水的体积，单位为毫升（mL）；

V_0——做试剂空白时，接收管内水的体积，单位为毫升（mL）；

m——试样的质量，单位为克（g）；

100——换算系数。

（4）注意事项

①必须同时做甲苯（或二甲苯）的试剂空白。

②蒸馏应先慢后快至蒸馏终点。

③以重复性条件下获得的两次独立测定结果的算术平均值表示，结果保留三位有效数字。绝对差值不得超过算术平均值的10%。

第六节　兽药残留检验

兽药残留检验常用筛选法、定量和确证方法。筛选法包括酶联免疫吸附法（ELISA）和胶体金免疫层析法（试纸卡法）。优点是成本低、携带方便、使用快捷；但缺点是一般只能检测一种药物，假阳性结果较高，且灵敏度相对较低，必须再经仪器进行确证。定量和确证常用方法有高效液相色谱法（HPLC）、液相色谱–串联质谱法（LC–MS/MS）和气相色谱–串联质谱法（GC–MS）。这些方法具有灵敏度高、选择性强和定量准确的优点。

农业部发布的《2018年动物及动物产品兽药残留监控计划》中规定了《动物及动物产品兽药残留检测方法及残留限量》，其中羊的兽药残留检测项目及检测方法见表4-6-1。

表4-6-1　羊组织中药物残留检测项目及方法

序号	检测项目	检测方法
1	羊/肉中磺胺类	液相色谱质谱法 HPLC–MS–MS（GB/T 20759—2006）
2	羊/肉中克仑特罗	气相色谱质谱法GC–MS；高效液相色谱法HPLC（GB/T 5009.192—2003）

一、磺胺类

磺胺类按规定进行测定。

（一）原理

羊肉、羊肝脏及肾脏中残留的磺胺类、四环素类、喹诺酮类药物，用缓冲溶液提取，固相萃取净化，液相色谱–串联质谱法检测，外标法定量。

（二）测定流程

测定流程如图4-6-1所示。

（三）测定步骤

测定步骤见图4-6-2至图4-6-7。

称取试样

↓

提取

↓

净化

↓

液相色谱-串联质谱法测定

↓

结果计算

图4-6-1　磺胺类残留的测定流程

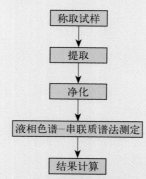

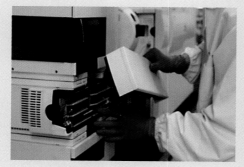

图 4-6-2　装色谱柱

图 4-6-3　加样

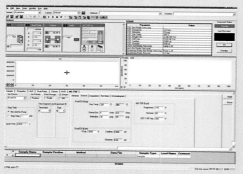

图 4-6-4　参数设定

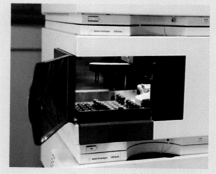

图 4-6-5　进样

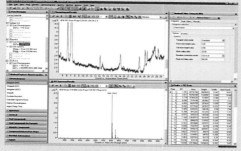

图 4-6-6　绘制标准曲线

图 4-6-7　定量测定

（四）结果计算和表述：

单点校准：

$$X=\frac{AC_sV}{A_sm}$$

或基质匹配标准曲线校准：

$$X=\frac{CV}{m}$$

式中：

X——供试试料中相应的四环素类、磺胺类、喹诺酮类药物残留量，单位为微克每千克（µg/kg）；

A——试料溶液中相应的四环素类、磺胺类、喹诺酮类药物的峰面积；

C_s——对照溶液中相应的四环素类、磺胺类、喹诺酮类药物的浓度，单位为微克每升（µg/L）；

V——试样最终定容体积，单位为毫升（mL）；

A_s——对照溶液中相应的四环素类、磺胺类、喹诺酮类药物的峰面积；

C——从标准曲线得到相应的的四环素类、磺胺类、喹诺酮类药物的浓度，单位为微克每升（µg/L）；

m——供试试料的质量，单位为克（g）。

注：计算结果需扣除空白值，测定结果用平行测定的算术平均值表示，保留三位有效数字。

（五）注意事项

1.样品图谱中各组分定性离子的相对丰度与浓度接近的标准溶液中对应的定性离子的相对丰度比较，如偏差不超过规定的范围，可判定为样品中存在对应的待测物。

2.对同一试样必须进行平行试验测定及空白试验。在重复性条件下，获得的两次独立测试结果的绝对差值不超过重复性限r，如果差值超过重复性限，应舍弃试验结果并重新完成两次单个试验的测定。

3.在重复性条件下，获得的两次独立测试结果的绝对差值不超过再现性限R。

二、头孢噻呋

头孢噻呋按农业部1025号公告-13—2008《动物性食品中头孢噻呋残留检测高效液相色谱法》的规定进行测定。

（一）原理

样品中残留的头孢噻呋与二硫赤藓醇（DTE）溶液共同培养，使头孢噻呋及去呋喃甲酰头孢噻呋（DFC）有关代谢物从蛋白或含硫化合物中分离，产生DFC。DFC与碘乙酰胺反应，生成稳定DFC乙酰胺衍生物（DCA），原形药或代谢物均转化为DCA衍生物。用C_{18}固相萃取柱对衍生物进行提取。强阴离子交换（SAX）柱纯化，再用强阳离子交换（SCX）柱净化。DCA衍生物用高效液相色谱-紫外法测定，外标法定量。

（二）测定程序

测定程序见图4-6-8。

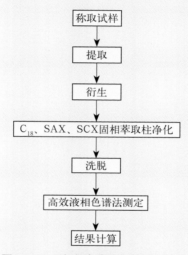

称取试样

↓

提取

↓

衍生

↓

C_{18}、SAX、SCX固相萃取柱净化

↓

洗脱

↓

高效液相色谱法测定

↓

结果计算

图4-6-8　头孢噻呋残留的测定流程

（三）测定

取适量试样溶液和相应的标准工作液，做单点或多点校正，以色谱峰面积积分值定量。同时做空白试验。

（四）结果计算

$$X=\frac{CV\times2}{M}$$

式中：

X——试料中头孢噻呋的残留量，单位为微克每千克（$\mu g/kg$）；

C——试样溶液中头孢噻呋的浓度，单位为纳克每毫升（ng/mL）；

V——SCX洗脱液的体积，单位为毫升（mL）；

M——试料的质量，单位为克（g）。

（五）注意事项

1.计算结果需扣除空白值，测定结果用两次平行测定的算术平均值表示，保留三位有效数字。

2.本方法批内相对标准差≤15%，批间相对标准偏差≤15%。

三、其他药物的测定

羊组织中其他药物残留检测项目及方法参考表4-6-2。

表4-6-2 羊组织中其他药物残留检测项目及方法

序号	检测项目	检测方法
1	畜禽肉中地塞米松	LC-MS/MS（GB/T 20741—2006）
2	可食动物肌肉、肝脏和水产品中氯霉素、甲砜霉素和氟苯尼考	LC-MS/MS（GB/T 20756—2006）
3	四环素类	LC-MS/MS、HPLC（GB/T 21317—2007）
4	喹乙醇残留标示物	HPLC（GB/T 20797—2006）
5	安乃近代谢物	LC-UV、LC-MS/M（GB/T 20747—2006）
6	苯丙咪唑类	LC-MS/MS（GB/T 21324—2007）
7	α-群勃龙、β-群勃龙	LC-UV、LC-MS/MS（GB/T 20760—2006）
8	硝基呋喃类代谢物	HPLC-MS（农业部781号公告4—2006）

第七节 "瘦肉精"的检测

目前，肉中存在非法添加物质（尤其是"瘦肉精"）已成为影响肉类质量安全的主要问题。"瘦肉精"属于β-肾上腺素受体激动剂，近年来被非法添加到饲料中以提高脂肪型动物的瘦肉率和加速动物生长，人摄取一定量的"瘦肉精"就会中毒，甚至危及生命。通常采用"筛选"和"确证"相结合进行检测，可以同时检测数量较多的样品，又能增加检测结果的准确性和可靠性。

　　常用胶体金快速检测试纸进行初筛，详见第二章第一节中"瘦肉精"抽样检测相关内容。应用ELISA、GC-MS/MS 或LC-MS/MS方法进行确证。目前的检测标准有《动物性食品中克仑特罗残留量的测定》（GB/T 5009.192—2003）、《动物尿液中11种β-受体激动剂的检测　液相色谱-串联质谱法》（农业部1063号公告-3-2008）等。

一、羊可食性组织中克仑特罗残留检测方法

（一）气相色谱质谱法（GC-MS）原理

固体试样剪碎，用高氯酸溶液匀浆。液体试样加入高氯酸溶液，进行超声加热提取，用异丙醇+乙酸乙酯（40+60）萃取，有机相浓缩，经弱阳离子交换柱进行分离，用乙醇+浓氨水（98+2）溶液洗脱，洗脱液浓缩，经N，O-双三甲基硅烷三氟乙酰胺（BSTFA）衍生后于气质联用仪进行测定。以美托洛尔为内标，定量。

（二）测定程序

测定程序见图4-7-1。

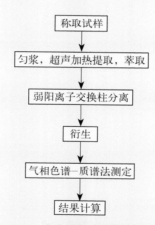

```
┌─────────┐
│  称取试样  │
└─────────┘
     ↓
┌──────────────────┐
│ 匀浆，超声加热提取，萃取 │
└──────────────────┘
     ↓
┌──────────────┐
│  弱阳离子交换柱分离  │
└──────────────┘
     ↓
┌──────┐
│  衍生  │
└──────┘
     ↓
┌──────────────┐
│ 气相色谱-质谱法测定 │
└──────────────┘
     ↓
┌─────────┐
│  结果计算  │
└─────────┘
```

图4-7-1　克仑特罗残留的测定流程

（三）测定

以试样峰与内标峰的峰面积比单点或多点校准定量。

（四）结果计算

$$X = \frac{A \times f}{m}$$

式中：

X——试样中克仑特罗含量，单位为微克每千克（μg/kg）或微克每升（μg/L）；

A——试样色谱峰与内标色谱峰的峰面积比值对应的克仑特罗质量，单位为纳克（ng）；

f——试样稀释倍数；

m——试样取样量，单位为克（g）或毫升（mL）。

计算结果表示到小数点后两位。

（五）注意事项

1.空白试验除不添加标准品工作液外，采用完全相同的步骤进行平行操作；

2.本方法批内、批间变异系数≤20%。

二、动物尿液中β-受体激动剂的检测

（一）原理

样品经氢氧化钠溶液调节pH，叔丁醇、叔丁基甲醚混合溶液萃取并浓缩后用固相萃取小柱净化，洗脱液浓缩后用含0.2%甲酸的水溶液溶解，供液相色谱串联质谱进行检测，内标法定量。本法检测限为0.1ng/mL，定量限为0.2ng/mL。

（二）测定程序

测定程序见图4-7-2。

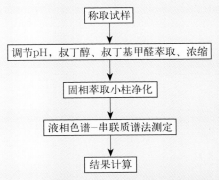

图4-7-2 尿液中β-受体激动剂残留的测定流程

（三）测定

克仑特罗、西马特罗、西布特罗、马布特罗、溴布特罗、班布特罗用克仑特罗-D₉内标定量；莱克多巴胺、氯丙那林用莱克多巴胺-D₅内标定量，沙丁胺醇、齐帕特罗、特布他林用沙丁胺醇-D₃内标定量。用标准工作曲线对样品进行定量。

（四）结果计算

$$X = \frac{m_1}{m} \times n$$

式中：

X——试样中β-受体激动剂的含量，单位为纳克每毫升（ng/mL）；

m_1——试样色谱峰对应的某一β-受体激动剂的质量，单位为纳克（ng）；

n——试样稀释倍数；

m——试样体积，单位为毫升（mL）；

（五）注意事项

1. 对同一样品需进行平行测定试验。

2. 在同一实验室由同一操作人员完成的两个平行测定的相对偏差不大于20%。

第五章

检验检疫记录、证章标识及无害化处理

第一节 检验检疫记录

动物检验检疫记录是在动物检验检疫过程中形成的记载具体检验检疫操作过程和结果的资料。动物检验检疫是保障动物产品安全的关键环节，留存动物检验检疫记录是规范动物检验检疫操作的重要手段，便于实现质量追溯、明确质量责任。

2010年，农医发[2010]44号文件制定了动物检疫合格证明、检疫处理通知单、动物检疫申报书、动物检疫标志等样式以及动物卫生监督证章标志的模板与使用规范，用于检疫申报（受理）以及检疫不合格时的处理记录（图5-1-1、图5-1-2）。

动物检验检疫记录的存档应按记录的编号归类存放，能成册的按月整理成册，按年装订成卷，如宰前检疫记录、宰后检疫记录等。应当按照时间顺序、记录类别分类保存、便与检索查询，所有记录档案存档要保证完整、不得缺漏，要有专人专柜保存。

此外，各地动物卫生监督机构和屠宰企业可以在进行必要表格记录报送的基础上，按照实际监管需要或生产需要，自行优化设计相关表格记录样式，做到一表多用。

图5-1-1 检疫申报（受理）单

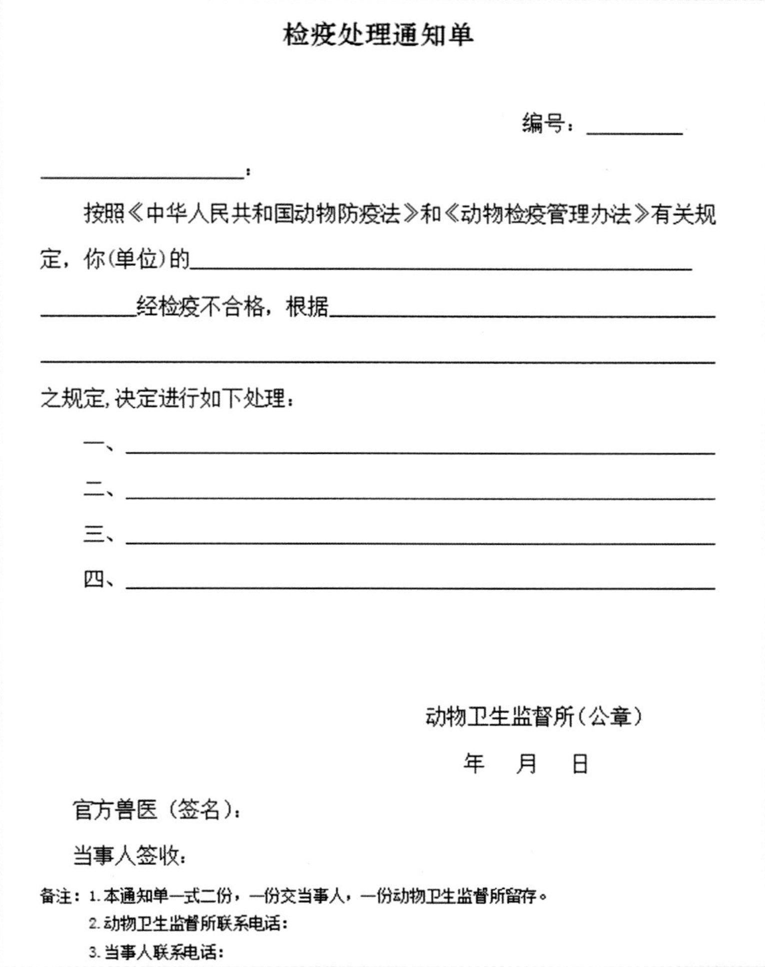

检疫处理通知单

编号：_____

_____:

按照《中华人民共和国动物防疫法》和《动物检疫管理办法》有关规

定,你(单位)的_____

_____经检疫不合格,根据_____

_____

之规定,决定进行如下处理：

一、_____

二、_____

三、_____

四、_____

动物卫生监督所(公章)

年　月　日

官方兽医（签名）：

当事人签收：

备注：1.本通知单一式二份，一份交当事人，一份动物卫生监督所留存。

2.动物卫生监督所联系电话：

3.当事人联系电话：

图5-1-2　检疫处理通知单

一、宰前检验检疫记录

羊进入工厂（场）时，由检验检疫员对羊进行宰前检验检疫，展开证件核验、临车检查、群体检查、个体检查、"瘦肉精"检查等，根据检查的结果进行后续的工作。宰前检验检疫结束后，由检验检疫员详细记录动物检疫合格、验收检验情况、静养情况、"瘦肉精"检查等环节的情况，形成并留存记录（表5-1-1至表5-1-3）。发现传染病时，除按规定处理外还应记录备案。

表5-1-1　　******宰前检疫结果报告单（供参考）

填表日期：

畜主/顺序号	羊品种	羊产地情况	卸车时间	数量（只）	检疫合格证编号	耳标段号	体温（℃）	异常状况（只数）				待宰圈号	屠宰时间	处置		
								老羊	瘦羊	伤羊	其他异常			急宰	隔离	无害化处理

处置说明：

表5-1-2　　******公司"瘦肉精"检测记录（供参考）

填表日期：

序号	羊户姓名	入厂时间	羊产地	羊只数	运输车号	抽检只数	检测结果			结果判定
							盐酸克伦特罗	莱克多巴胺	沙丁胺醇	
1										
2										
3										
4										
5										
6										
7										
8										

备注：加样使用检测卡附带滴管；反应结果：阴性用"－"标识，阳性用"＋"标识；检测卡类型：用"✓"表示；结果判定：合格/不合格表示，本单据一式两联：一联底据一联官方一联化验

检测人：　　　　　　　　　　　　　　　　　　　　　　　　　审核人：

表5-1-3 ******公司待宰圈巡查记录（供参考）

日期	羊户	数量（只）	待宰圈号	巡查员	巡查结果	备注

二、宰后检验检疫记录

检验检疫人员应做好宰后检验检疫结果及处理的记录，对宰后检验所发现的各类疾病及病变组织和器官进行详细的登记，做好无害化处理记录，并应准确地记录当天屠宰羊的头数、品种、产地名称、货主姓名、宰前检验和宰后检疫病羊患病名称、病变组织器官及病理变化、检疫人员做出的结论和处理情况以及不合格肉的处理情况，相关人员应签字审核等（图5-1-3、图5-1-4、表5-1-4）。

动物卫生监督所（分所）名称：　　　　　　　屠宰场名称：　　　　　　　　屠宰动物种类：

申报人	产地	入场数量(头、只、羽、匹)	入场监督查验		宰前检查		同步检疫		官方兽医姓名	备注
			临床情况	是否佩戴规定的畜禽标识	回收《动物检疫合格证明》编号	合格数(头、只、羽、匹)	不合格数(头、只、羽、匹)	合格数(头、只、羽、匹)	出具《动物检疫合格证明》编号	不合格并处理数(头、只、羽、匹)
合计											

检疫日期：　　年　　月　　日

图5-1-3　屠宰检验工作情况日记录表

动物卫生监督所（分所）名称：　　　　　　　　　　　　单位：枚、张、千克

检疫日期	货主	申报单编号	产品种类	产品数量	检疫地点	检疫方式	出具《动物检疫合格证明》编号	出具《检疫处理通知单》编号	到达地点	运载工具牌号	官方兽医姓名	备注

图5-1-4　皮、毛、绒、骨、蹄、角检疫情况记录表

表5-1-4 ******公司活羊宰后检疫日报表（供参考）

批号	畜主	羊产地	数量（只）	肺粘连	伤羊	胴体破损	急宰	老羊	瘦羊	脂肪超标	草刺	变形	黄羊	痘诊羊	脓包	结石	内寄生虫	其他	无害化	退货
合计																				

表头分组：异常羊（黄羊、痘诊羊、脓包、结石、内寄生虫、其他）；处置（无害化、退货）

说明：以上项目内容以数字形式体现，如未发现用"0"表示，发现以具体数字表示

检验检疫员：　　　　　　　　　审核：

第二节　证章标识的使用

　　动物和动物产品的检验检疫结果通过证章标识（志）、合格证明传递给消费者，引导着消费者的消费。

　　农业农村部制定了动物检疫合格证明、检疫处理通知单、动物检疫申报书、动物检疫标志等样式以及动物卫生监督证章标志填写应用规范。动物卫生监督证章标志的生产订购原则上按照《关于加强动物防疫监督工作的通知》（农牧发[1998]6号）执行。各省畜牧兽医主管部门也可根据需要，按照有关要求选择一家其他企业订购。所选的企业由各省动物卫生监督机构向农业农村部备案，纳入统一监管范围后，方可生产相关动物卫生监督证章标志。动物卫生监督证章标志的具体印刷要求由农业农村部通知相关生产企业，各生产企业需定期向农业农村部报送有关证明生产及发放情况等。

　　《牛羊屠宰产品品质检验规程》（GB 18393—2001）规定了品质检验后的检验合格印章和无害化处理印章印模要求。

　　证章标识（志）的使用过程应注意使用主体要合法，不能越权；使用程序应该符合国家规定的相关规范；使用保管要严格，不得随意出借、出售、转让其他单位或个人，不得涂改、伪造或变造；回收销毁要备案。

一、证章

（一）证明文件

　　由畜牧兽医行政管理部门的官方兽医对经检验检疫合格的畜禽产品出具动物检疫合格证明（图5-2-1至图5-2-4），是畜禽产品上市流通的合法有效凭证。

动物检疫合格证明（动物A）

编号：

货 主		联系电话	
动物种类		数量及单位	
启运地点	省 市（州） 县（市、区） 乡（镇） 村 （养殖场、交易市场）		
到达地点	省 市（州） 县（市、区） 乡（镇） 村（养殖场、屠宰场、交易市场）		
用 途		承运人	联系电话
运载方式	□公路 □铁路 □水路 □航空		运载工具 牌号
运载工具消毒情况		装运前经＿＿消毒	

本批动物经检疫合格，应于＿＿＿日内到达有效。

官方兽医签字：＿＿＿＿

签发日期： 年 月 日

（动物卫生监督所检疫专用章）

第联 共联

牲畜耳标号	
动物卫生监督 检查站签章	
备 注	

注：1.本证书一式两联，第一联由动物卫生监督所留存，第二联随货同行。

2.跨省调运动物到达目的地后，货主或承运人应在24h内向输入地动物卫生监督机构报告。

3.牲畜耳标号只需填写后3位，可另附纸填写，需注明本检疫证明编号，同时加盖动物卫生监督机构检疫专用章。

4.动物卫生监督所联系电话：

图5-2-1 动物检疫合格证明（动物A）

动物检疫合格证明（动物B）

编号：

货　　主		联系电话	
动物种类	数量及单位		用途
启运地点	市（州）　　县（市、区）　　乡（镇）　　村（养殖场、交易市场）		
到达地点	市（州）　　县（市、区）　　乡（镇）村（养殖场、屠宰场、交易市场）		
牲畜耳标号			

本批动物经检疫合格，应于当日内到达有效。

官方兽医签字：_____

签发日期：　年　月　日

（动物卫生监督所检疫专用章）

第联

共联

注：1.本证书一式两联，第一联由动物卫生监督所留存，第二联随货同行。

2.本证书限省境内使用。

3.牲畜耳标号只需填写后3位，可另附纸填写，并注明本检疫证明编号，同时加盖动物卫生监督所检疫专用章。

图5-2-2　动物检疫合格证明（动物B）

动物检疫合格证明（产品A）

编号：

货　　主		联系电话	
产品名称		数量及单位	
生产单位名称地址			
目　的　地		省　市（州）　县（市、区）	
承　运　人		联系电话	
运载方式		□公路 □铁路 □水路 □航空	
运载工具牌号		装运前经＿＿＿消毒	

本批动物产品经检疫合格，应于＿＿＿日内到达有效。

官方兽医签字：＿＿＿
签发日期：　年　月　日
（动物卫生监督所检疫专用章）

动物卫生监督检查站签章	
备　　注	

第一联 共二联

注：1.本证书一式两联，第一联由动物卫生监督所留存，第二联随货同行。
2.动物卫生监督所联系电话：

图5-2-3　动物检疫合格证明（产品A）

动物检疫合格证明（产品B）

编号：

货主		产品名称		第
数量及单位		产地		联
生产单位名称地址				
目的地				
检疫标志号				共
备注				二
				联

本批动物产品经检疫合格，应于当日到达有效。

官方兽医签字：_____
签发日期： 年 月 日
（动物卫生监督所检疫专用章）

注：1.本证书一式两联，第一联由动物卫生监督所留存，第二联随货同行。
2.本证书限省境内使用。

图5-2-4　动物检疫合格证明（产品B）

（二）印章类

1.检疫验讫印章　根据检疫结果，按照相关规定加施相应的检疫验讫印章。滚筒验讫印章适用于带皮胴体，针刺式方形胴体检疫验讫印章用于标记剥皮的家畜胴体。

此外，北京、河北、辽宁等地已经农业农村部批复使用激光灼刻检疫印章，其尺寸、规格、内容与现行国家规定的检疫验讫印章印迹一致。

2.肉品品质检验合格印章

（1）检验合格印章（图5-2-5）。

（2）无害化处理印章　包括化制（图5-2-6）、非食用（图5-2-7）、复制（图5-2-8）、销毁（图5-2-9）。

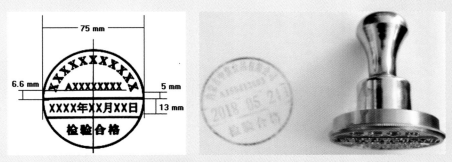

图5-2-5　检验合格印章（大圆形章）印模（左）及印章（右）

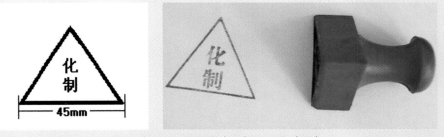

图5-2-6　化制印模（左）及印章（右）

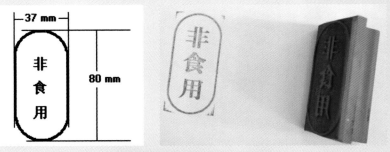

图5-2-7　非食用处理章印模（左）及印章（右）

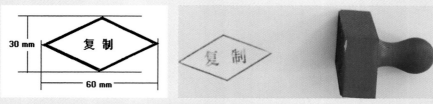

图5-2-8　复制处理章印模（左）及印章（右）

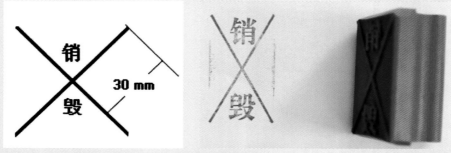

图5-2-9　销毁处理章印模（左）及印章（右）

二、标识

畜禽标识是施加于牲畜耳部，用于证明追溯羊只的饲喂和防疫过程，承载羊个体信息的标志物。耳标编码由畜禽种类代码、县级行政区域代码、标识顺序号共15位数字及专用条码组成。耳标为长条形，浅黄色（图5-2-10）。

《畜禽标识和养殖档案管理办法》规定，动物卫生监督机构应当在畜禽屠宰前，查验、登记畜禽标识；屠宰经营者应当在畜禽屠宰时回收畜禽标识（图5-2-11），由动物卫生监督机构保存、销毁；经屠宰检疫合格后，动物卫生监督机构应当在畜禽产品检疫标志中注明畜禽标识编码。

图5-2-10　牛耳标

编码形式为：2（种类代码）+XXXXXX（县级行政区域代码）+XXXXXXXX（畜禽标识顺序号）

图5-2-11　屠宰活牛耳标回收记录（记录）

三、标志

经检验检疫合格、分割包装好的的羊肉产品，屠宰厂（场）应当在产品包装袋及产品包装箱上粘贴动物检疫合格和检验合格标志。

标志分为内粘贴标志（小标签）、检验合格标志和外粘贴标志（大标签）（图5-2-12）。内粘贴标志用于最小包装袋的外面（图5-2-13），外粘贴标志用于最大包装袋（箱）的外面（图5-2-14）。

图5-2-12　动物检疫合格标志规格

图5-2-13　内贴标志在最小包装袋的外面

图5-2-14　外贴标志在包装箱的外面

第三节　无害化处理

染疫动物及其产品、病死毒死或者死因不明的动物尸体、经检验对人畜健康有危害的动物和病害动物产品、国家规定的其他应该进行安全处理的动物和动物产品，应按照农医发[2017]25号《病死及病害动物无害化处理技术规范》的规定进行无害化处理。通过用焚烧、化制、掩埋或其他物理、化学、生物学等方法将病害动物尸体和病害动物产品或者附属物进行处理，以彻底消灭所携带的病原体、达到消除病害因素、保障人畜健康的目的。

　　运送病害尸体和病害动物产品应采用密闭、不渗水的容器。车辆驶离暂存、养殖等场所前，应对车轮及车厢外部进行消毒（图5-3-1）。转运车辆应尽量避免进入人口密集区。若转运途中发生渗漏，应重新包装、消毒后运输。卸载后，应对转运车辆及相关工具等进行彻底清洗、消毒（图5-3-2）。

图5-3-1　转运车辆应加施明显标识，并加装车载定位系统，记录转运时间和路径等信息

图5-3-2　消毒通道，运送车辆进出门必须消毒

　　1.焚烧法　国家规定的染疫动物及其产品、病死或者死因不明的动物尸体、屠宰前确认的病害动物、屠宰过程中经检疫或肉品品质检验确认为不可食用的动物产品，以及其他应当进行无害化处理的动物及动物产品。一般处理一类疫病及炭疽的染疫动物尸体及其产品（图5-3-3）。

　　2.化制法　该方法适用于一类疫病以外的其他疫病染病动物，以及病变严重、肌肉

图5-3-3　焚化炉

发生退性变化的动物整个尸体或胴体、内脏的无害化处理（图5-3-4、图5-3-5）。

　　3.深埋法　适用于发生动物疫情或自然灾害等突发事件时病死及病害动物的应急处理，以及边远和交通不便地区零星病死畜禽的处理。不得用于患有痒病的染疫动物产品、组织的处理。掩埋的要求如下：

图5-3-4 干化机

图5-3-5 湿化机

（1）掩埋地应远离学校、公共场所、居民住宅区、村庄、动物饲养和屠宰场所、饮用水源地、河流等地区。

（2）掩埋应对需要掩埋的病害动物尸体和病害动物产品实施焚烧处理。

（3）掩埋坑底应该铺2cm厚生石灰。

（4）焚烧后病害动物尸体和病害动物产品表面，以及掩埋后的地面环境应使用有效消毒药喷洒、消毒。

4．高温处理　该方法适用于染疫动物蹄、骨和角的处理（图5-3-6）；将肉尸高温处理时剔除的骨、蹄和角放入高压锅内蒸煮至骨脱胶或脱脂时止。

图5-3-6 高温处理

5．化学消毒法适用于被病原微生物污染或可疑被污染的动物皮毛的消毒，如二、三类疫病（除炭疽）染疫动物的皮毛。

参考文献

蔡宝祥，2001．家畜传染病学 [M]．4版.北京：中国农业出版社.

陈怀涛，2008.兽医病理学原色图谱 [M]．北京：中国农业出版社.

陈怀涛，2010．牛羊病诊治彩色图谱[M].2版.北京：中国农业出版社.

陈怀涛，2017.羊病诊治原色图谱[M].北京：机械工业出版社.

陈怀涛，贾宁，2015.羊病诊疗原色图谱[M].北京：中国农业出版社.

崔治中，金宁一，2013．动物疫病诊断与防控彩色图谱[M].北京：中国农业出版社.

丁伯良，2014．羊的常见病诊断图谱及用药指南[M].2版.北京：中国农业出版社.

范国雄，1998.牛羊疾病诊治彩色图说[M].北京：中国农业出版社.

谷风柱，沈志强，王玉茂，2016.羊病临床诊治彩色图谱[M].北京：机械工业出版社.

孔繁瑶，2008.家畜寄生虫学[M].2版．北京：中国农业大学出版社.

李敬双，夏冬华，杨新艳，等，2012.畜禽解剖学彩色图谱[M].沈阳：辽宁科学技术出版社.

刘明春，赵玉军，2007.国家法定牛羊疫病诊断与防制[M].北京：中国轻工业出版社.

马利青，2016.肉羊常见病防制技术图册[M].北京：中国农业科学技术出版社.

马学恩，王凤龙，2015.家畜病理学[M].5版．北京：中国农业出版社.

马仲华，2007.家畜解剖学及组织胚胎学[M].3版．北京：中国农业出版社.

农业部兽医局，中国动物疫病预防控制中心（农业部屠宰技术中心），2015.全国畜禽屠宰检疫检验培训教材[M].北京：中国农业出版社.

农业部兽医局，中国动物疫病预防控制中心，2016.病死畜禽无害化处理机制建设指引[M].北京：中国农业出版社.

王建辰，曹光荣，2002.羊病学[M].北京：中国农业出版社.

王志亮，吴晓东，包静月，2015.小反刍兽疫[M].北京：中国农业出版社.

熊本海，恩和等，2012．绵羊实体解剖学图谱[M].北京：中国农业出版社.

张克山，高娃，管复春，2013 .羊常见疾病诊断图谱与防治技术[M].北京：中国农业科学技术出版社.

张旭静，2003.动物病理学检验彩色图谱[M].北京：中国农业出版社.

郑明球，蔡宝祥，姜平，2010.动物传染病诊治彩色图谱.北京：中国农业出版社.

中国动物疫病预防控制中心（农业部屠宰技术中心），2016.畜禽屠宰法规标准选编[M].北京：中国农业出版社.

周变华，王宏伟，张旻，2017.山羊解剖组织彩色图谱[M].北京：化学工业出版社.

致　谢

　　本书的编写得到内蒙古农业大学、内蒙古蒙羊牧业股份有限公司、内蒙古草原宏宝食品有限公司、内蒙古美羊羊食品有限公司、内蒙古小肥羊食品有限公司、鄂尔多斯市杭锦旗羚丰肉联厂、锡林郭勒大庄园肉业有限公司、呼和浩特市北亚清真食品有限公司、呼伦贝尔元盛食品有限公司、内蒙古伊赫塔拉牧业股份有限公司、呼伦贝尔绿祥清真肉食品有限责任公司等单位的支持与帮助，在此一并表示衷心的感谢！